Die unipolare Gleichstrommaschine

Dissertation

zur

Erlangung der Würde eines Doktor-Ingenieurs

vorgelegt von

Boris von Ugrimoff

Moskau

Genehmigt

von der Großherzoglichen Technischen Hochschule
Fridericiana zu Karlsruhe

am 28. Januar 1910.

Referent: Geh. Hofrat Prof. Dr.-Ing. E. Arnold
Korreferent: Prof. Dr. A. Schleiermacher

Verlagsbuchhandlung Julius Springer in Berlin
1910

ISBN-13:978-3-642-89470-1   e-ISBN-13:978-3-642-91326-6
DOI: 10.1007/978-3-642-91326-6

Inhaltsverzeichnis.

		Seite
Einleitung		4
I.	Die Entwicklung der Unipolarmaschine	4
II.	Die Untersuchung von Gleitkontakten bei sehr großen Geschwindigkeiten	38
III.	Theorie des raschlaufenden gekühlten Schleifkontaktes	62
IV.	Die Unipolarmaschine des Verfassers	75
V.	Die experimentelle Untersuchung der Unipolarmaschine des Verfassers	88
	Die unipolare Doppelankermaschine	96
	Schlußfolgerungen	98

Die unipolare Gleichstrommaschine.

Von Dipl.-Ing. **Boris von Ugrimoff.**

Einleitung.

Trotz der großen Erfolge, die der Schnellbetrieb, insbesondere durch Anwendung der Dampfturbine in den letzten Jahren auf sämtlichen Gebieten der Technik erzielt hat, ist es bis jetzt nicht gelungen, seine großen Vorteile auch dem Gleichstromgenerator zugute kommen zu lassen. Denn bei den gegenwärtigen größeren Gleichstromgeneratoren ist es untunlich, über eine Tourenzahl von 1500 bis 2000 hinauszugehen. — Selbstverständlich hat es an Versuchen, einen außerordentlich schnellaufenden Gleichstromgenerator zu bauen, nicht gefehlt, und einen solchen Versuch zur praktischen Lösung dieser Frage stellt die vorliegende Arbeit dar.

Das Interesse an diesem Problem wurde bei mir durch die Vorlesungen des Herrn Geheimen Hofrats Professor Dr.-Ing. E Arnold im Jahre 1899 wachgerufen, der mir auch in liebenswürdigster Weise seine reiche Erfahrung bei der Ausführung der vorliegenden Arbeit zur Verfügung stellte und meine Versuche in jeder Hinsicht unterstützte, wofür ich mir erlaube, ihm an dieser Stelle meinen wärmsten Dank auszusprechen. Desgleichen möchte ich nicht versäumen, auch Herrn Professor N. Schukowsky und Herrn Professor E. Bolotoff von der technischen Hochschule zu Moskau für ihre bereitwillige Förderung meiner Arbeit verbindlichst zu danken.

Auch den Herren Ingenieuren W. Kogewnikoff und L. Segaloff, sowie Studiosus K. Schaenfer sage ich für ihre freundliche Mitarbeit meinen besten Dank.

I. Die Entwicklung der Unipolarmaschine.

Die bekannte Faradaysche Scheibe muß als erstes Experiment mit unipolarer Induktion anerkannt werden, und die dazu von Faraday verwendete, in Fig. 1 dargestellte Vorrichtung als erste unipolare Maschine.

Faraday ließ die Scheibe zwischen den Polen eines Hufeisenmagneten rotieren und drückte dabei je eine Kupferbürste an die Achse sowie an den Umfang derselben an. Es ließ sich sodann im Galvanometer g ein Strom konstatieren.

Aber schon bald hierauf[1]) konstruierte Faraday einen anderen Apparat, der Gleichstrom lieferte und in dem die unipolare Induktion viel vollkommener zur Geltung kam (Fig. 2).

Über dem Pol des Stahlmagneten N—S befindet sich die Kupferscheibe D, die sich auf ein Spurlager im Zentrum des Poles N stützt. Ein Schleifkontakt a berührt den Umfang der Scheibe, ein anderer b das Zentrum derselben. Bei jeder relativen Bewegung von dem Magnet gegen die Scheibe konnte Faraday einen Strom im Galvano= meter g wahrnehmen.

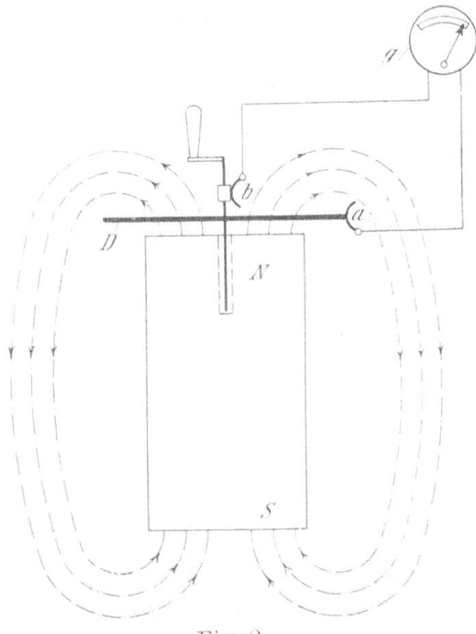

Fig. 2.

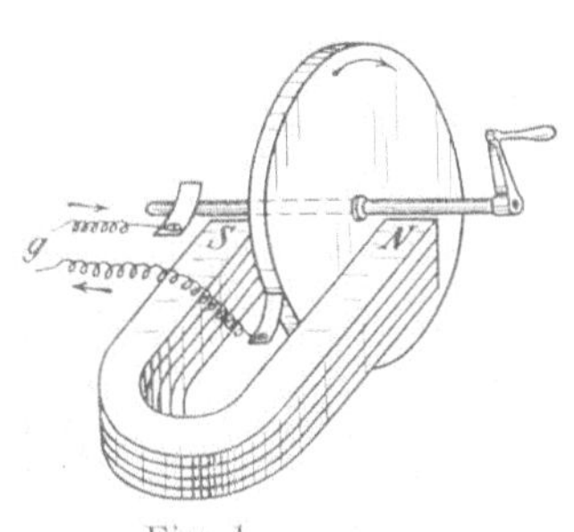

Fig. 1.

Nach Faraday hat eine ganze Reihe hervorragender Physiker, wie z. B. Hoppe, Edlund, Lecher, Hagenbach, Nobili, Antinori, W. Weber u. a., verschiedene interessante Apparate mit unipolarer Induktion gebaut.[2])

Alle diese Versuche, mit Hilfe unipolarer Induktion Strom zu erzeugen, tragen jedoch den Charakter reiner physikalischer Experimente, ohne daß der Technik weitere Möglichkeiten erschlossen wurden, die unipolare Induktion auszunutzen.

Die ersten Versuche, eine Unipolarmaschine für Starkstrom zu bauen, fallen in die achtziger Jahre des vorigen Jahrhunderts. Un-

[1]) Faraday, Experimentaluntersuchungen über Elektrizität,
[2]) Die elektromagnetische Rotation und die unipolare Induktion. Von Dr. Siegfried Valentiner.

gefähr im Jahre 1884 brachte George Forbes eine neue Unipolarmaschine in Vorschlag. Sie bestand aus zwei Scheiben, die auf
einer gemeinsamen Achse zwischen den ringförmigen Polen zweier
Elektromagnete rotierten. Der Aufbau dieser Maschine ist in Fig. 3
skizziert.

Diese Maschine besaß jedoch laut Zugeständnis des Erfinders
einen großen Nachteil, Forbes konnte nämlich nicht den großen
Axialdruck beseitigen, der in dem Halslager sehr große Reibung
verursachte. Dieser Druck entstand wegen der nicht genügend ge-
nauen Einstellung der Scheibe in den Zwischenraum zwischen den
Magnetpolen, sowie auch wegen der unzweckmäßigen Lage der
Erregerspule. Schon im Jahre 1885 schlug Forbes eine neue
Konstruktion vor, die sich von der vorhergehenden wesentlich

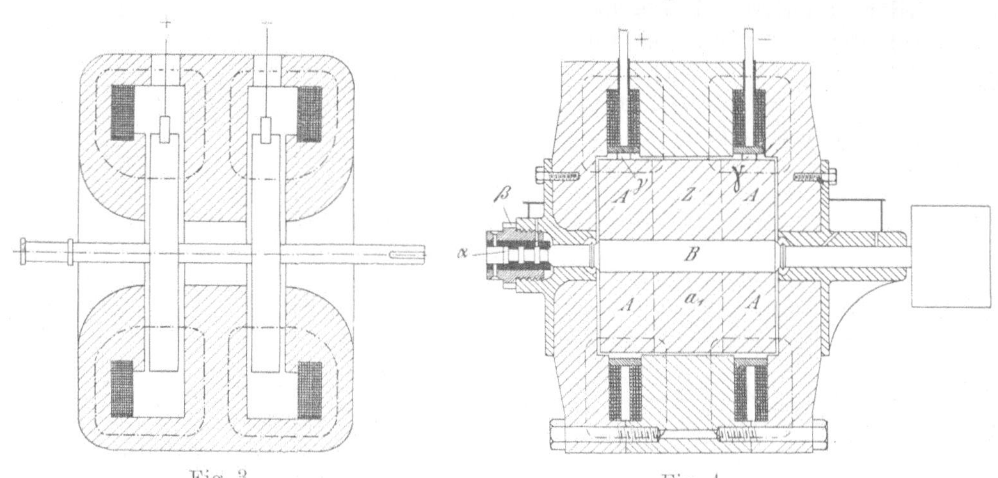

Fig. 3.   Fig. 4.

unterscheidet (D.R.P. Nr. 35188). In dieser Maschine wurde ein
massiver Zylinder Z (Fig. 4) der Induktion unterworfen, der im
Bereich zweier Kraftflüsse rotierte, deren Pfad durch die strichpunktierte Linie bezeichnet ist. Der Strom wird von der Trommel
mittels der Bürsten γ abgenommen. Aber auch bei dieser Anordnung wurden bedeutende Axialdrücke beobachtet, zu deren Aufnahme Forbes das Kammlager α konstruierte. Dieses Lager war
mit einer Vorrichtung β versehen, mit deren Hilfe man die Welle B
mit dem Zylinder Z in axialer Richtung verschieben konnte, um
dadurch den Lagerdruck zu vermindern.

Eigentümlicherweise betrachtet Forbes, nachdem er von den
Scheiben zu der Trommel übergegangen, seine Maschine immer
noch als aus zwei Scheiben „A" bestehend (punktierte Linie), deren

Zwischenraum durch weiches Eisen ausgefüllt ist, das mit den Scheiben zusammen rotiert. Augenscheinlich stand bei Forbes der Grundgedanke über die Induktion in unzertrennlicher Ver-

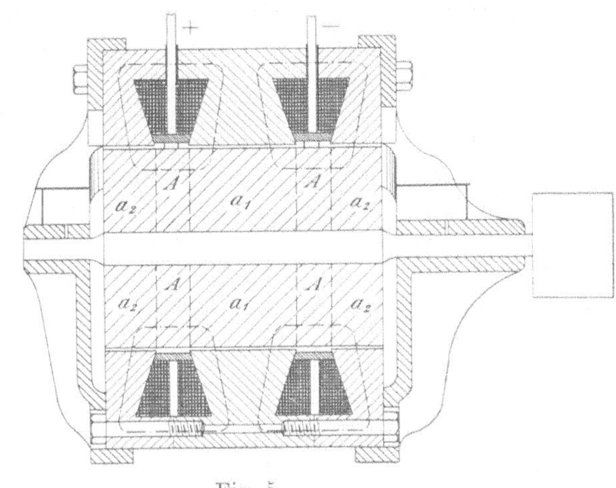

Fig. 5.

bindung mit den ursprünglichen Versuchen von Faraday und Arago. In seinen weiteren Bemühungen, den Axialdruck zu verringern, gelangte Forbes zu einer Konstruktion (Fig. 5), in der dieser Druck tatsächlich gänzlich beseitigt ist, da die Kraftlinien den Luftzwischenraum nur in radialer und nicht in axialer Richtung schneiden.

Aber auch diese Konstruktion sieht der Erfinder als aus zwei Scheiben bestehend an, bei denen nicht nur der Zwischenraum a_1,

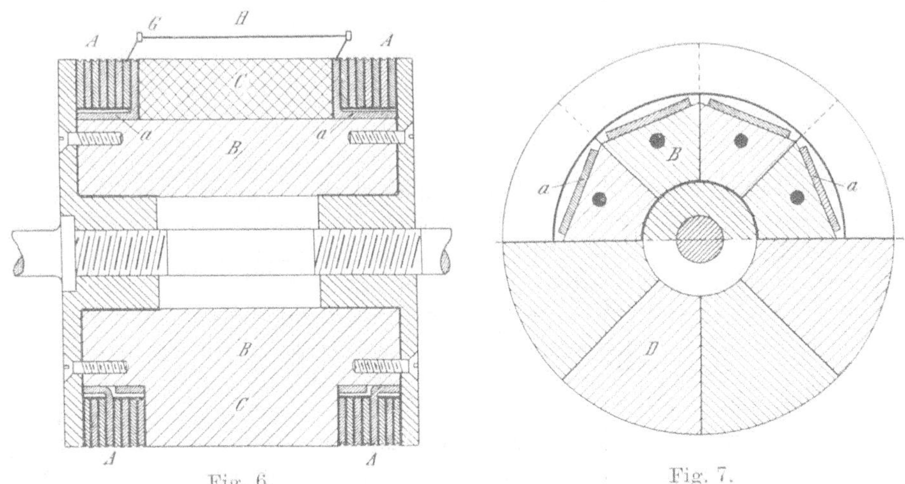

Fig. 6.

Fig. 7.

wie in der vorhergehenden Konstruktion, durch Eisen ausgefüllt ist, sondern auch der äußere Raum a_2.

Der Weg des Kraftflusses ist in dieser Figur gleichfalls durch eine strichpunktierte Linie bezeichnet.

Zur Erzielung von größeren elektromotorischen Kräften wird bei dieser Konstruktion (Fig. 6 u. 7) eine große Anzahl eiserner Scheiben A angewandt, die voneinander isoliert sind.

Auf dem Umfang dieser Scheiben schleifen die an feststehende Ringe G angebrachte Bürsten, wobei die Ringe G durch Leitungen H derart untereinander verbunden sind, daß die induzierten elektromotorischen Kräfte sich summieren.

Andererseits sind die Scheiben A mit Hilfe von Zungen a mit entsprechenden Sektoren B verbunden, die die Verbindung zwischen den beiderseitigen Scheiben vermitteln. Forbes schlägt vor, diese Sektoren B aus Kupfer oder aus einem anderen guten Elektrizitätsleiter herzustellen. Der Raum C zwischen den Scheiben A wird durch

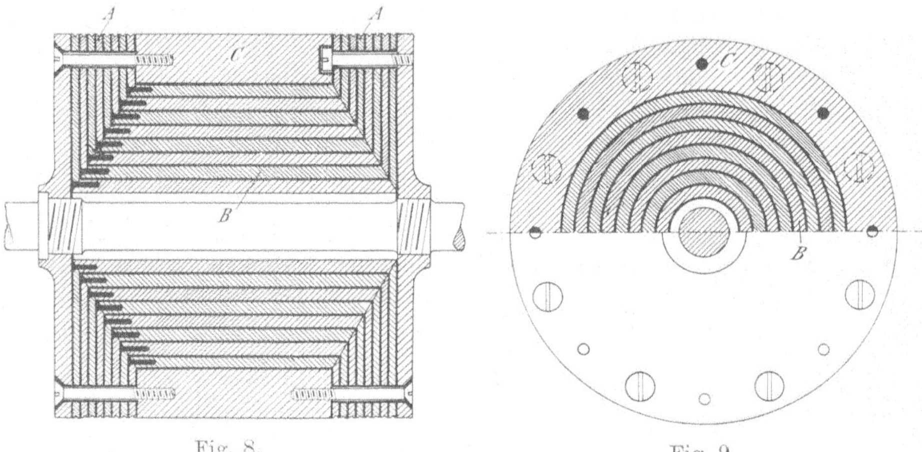

Fig. 8.   Fig. 9.

weiches Eisen ausgefüllt, die Sektoren B werden von diesem Eisen durch eine umgebende Schutzhülle isoliert.

In dieser Form ist die Unipolarmaschine gleichfalls im Jahre 1895 patentiert worden. Forbes vervollkommnete diese Maschine weiter und gelangte zu einem sich der reinen Trommelmaschine nähernden Typus, indem er den Sektoren die Form D gab, die auch den Raum C ausfüllten (Fig. 6 und 7 unten). Für diesen Fall schlägt er vor, die Sektoren aus Eisen herzustellen, jedoch schweigt er sich darüber aus, ob die Scheiben A hier die Rolle von Leitern übernehmen, in denen seiner Ansicht entsprechend auch ferner elektromotorische Kräfte induziert werden, oder ob der Vorgang der Induktion sich auf die Sektoren überträgt, wie es in Wirklichkeit stattfindet. Ein Schnitt durch den Anker einer solchen Maschine ist auf der unteren Hälfte der Fig. 6 und 7 dargestellt.

In demselben Jahre schlug Forbes eine Konstruktion des Ankers einer Unipolarmaschine vor, wie sie in Fig. 8 und 9 gezeichnet ist.

Die Sektoren B sind hier durch konzentrische Zylinder B ersetzt. Die Zylinder, sowie auch die Scheiben A sind voneinander isoliert und können alle aus Eisen hergestellt werden. Diese Maschine stellt wieder eine Kombination von Trommel und Scheibenmaschinen vor.

Sehr nahe an den reinen Trommeltypus gelangte Forbes mit seiner Konstruktion, die in Fig. 10 und 11 dargestellt ist. Die Scheiben A, die in den ersten Konstruktionen bei Forbes die Hauptrolle spielten, sind zu ganz geringfügigen Massen zusammengeschrumpft und dienen nur als Kontaktringe. Die Sektoren B,

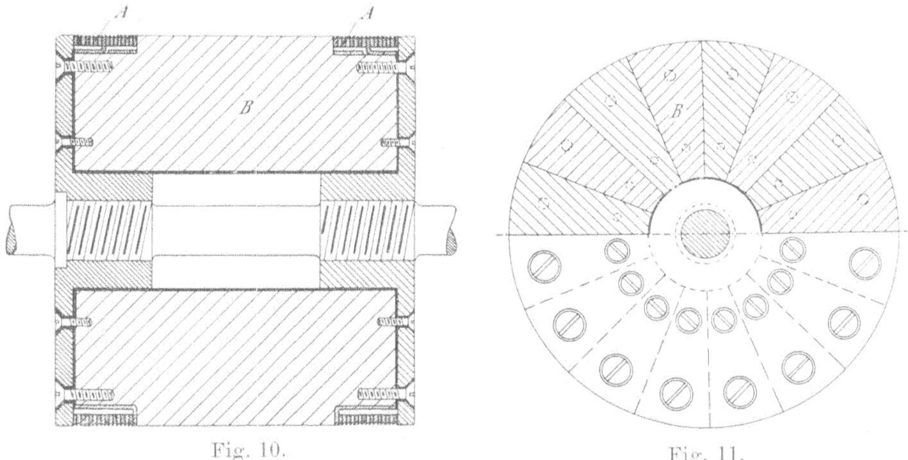

Fig. 10.   Fig. 11.

die früher nur die Rolle von Verbindungsleitungen zwischen den Scheiben spielten, erlangen die ihnen zukommende Bedeutung von der Induktion unterworfenen Leitern.

Einen vollständigen Begriff über die endgültige Form der Unipolarmaschine von Forbes gibt die Fig. 12 und 13. Die Maschine besitzt 50 Ringe A, 25 auf jeder Seite, wobei die entsprechenden Ringe durch Sektoren B verbunden sind. Diese Sektoren sind von verschiedener Länge in Abhängigkeit von der Lage der Ringe, die sie verbinden. Das Magnetgestell ist nach Art von Magnetgestellen der alten Gleichstrommaschinen von Gramme gebaut.

Wie weit die Befürchtungen von Forbes in Beziehung auf Axialdrücke gingen, ersieht man daraus, daß sogar in dem hier angeführten Falle, wo die Richtung des Kraftlinienflusses jede Möglichkeit der Entstehung von Axialdrücken ausschließt, dennoch ein Kammlager vorgesehen ist.

Prof. Arnold gibt im ersten Band seines Werkes: „Die Gleichstrommaschine" die Zeichnung einer Unipolarmaschine (Fig. 14), die er im Jahre 1888 jedoch mit gußeiserner Trommel ausgeführt hat. Diese Maschine besteht aus einem Magnetgestell mit der Feldspule F. Der Verlauf des Kraftflusses ist durch eine punktierte Linie angedeutet. Im Luftschlitze rotiert die Armatur K, die aus einem Kupferzylinder besteht und auf dem Rande eines Rades mit

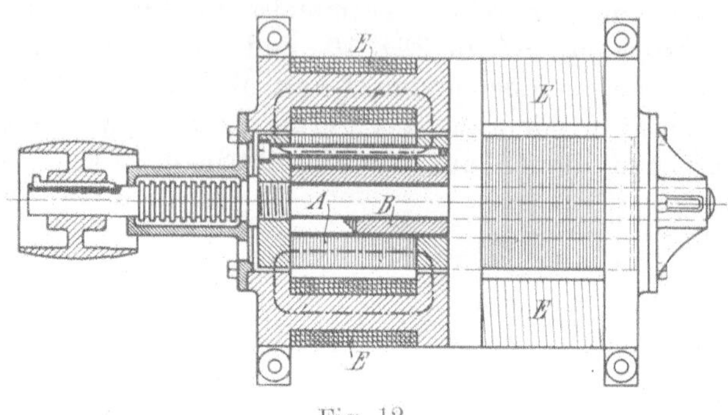

Fig. 12.

Bolzen befestigt ist. Die Bürsten B_1 und B_2 leiten den in der Armatur induzierten Strom in das Netz. Wenn die Armatur K verlängert wird in der Weise, wie es punktiert angedeutet ist, so kann die Maschine verdoppelt werden. Eine solche Doppelmaschine gibt entweder zweimal soviel Strom oder die zweifache Spannung als eine einfache Maschine. Die mittlere Bürste (in unserem Falle die Bürste B_2) wird bei einer Doppelmaschine im ersten Fall den ganzen Strom in das Netz führen, die linke (B_1) und die rechte (nicht aufgezeichnet) dagegen nur den halben Strom.

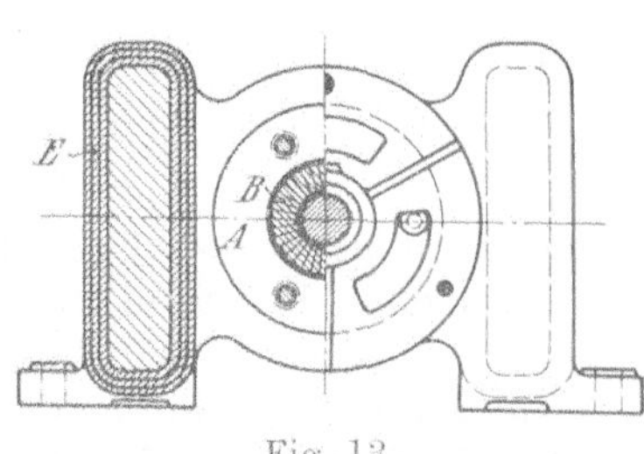

Fig. 13.

Im Jahre 1890 nahm Thury ein Patent auf eine Unipolarmaschine mit zwei Ankern, von denen der eine feststand und der andere beweglich war. In Fig. 15 ist die Maschine von Thury schematisch dargestellt.

In bezug auf die Erscheinungen der Induktion ist diese Maschine gleichwertig mit der oben beschriebenen von Arnold; die elektromotorische Kraft wird in dem rotierenden Zylinder d genau so induziert, wie es in der obigen Maschine der Fall war. Der unbewegliche „Anker" dieser Maschine von Thury stellt einen Leiter

von zylindrischer Form d_1 dar, der isoliert und starr an der Oberfläche des Poles K befestigt ist und von Thury mit Unrecht als
Anker bezeichnet wird, denn an demselben findet gar keine Induktion statt.

Der Zweck dieses unbeweglichen Ankers bestand nach Angabe
von Thury darin, daß er der magnetischen Reaktion des beweglichen Ankers entgegenwirkte, so daß dieser zylindrische Leiter
richtiger als Kompensationsleiter bezeichnet werden kann. (In der
Sprache der nicht-unipolaren Maschinen ausgedrückt — Kompen-

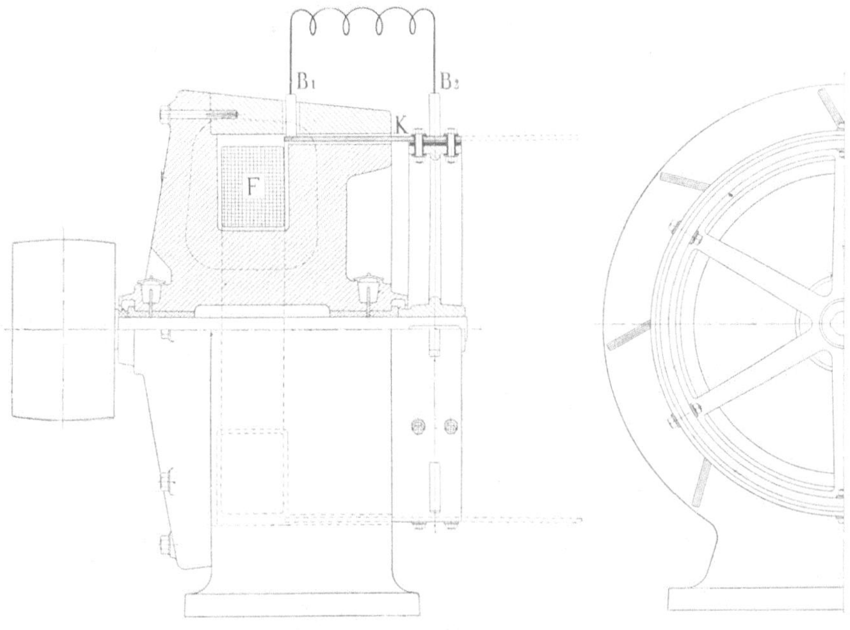

Fig. 14.

sationswicklung.) Tatsächlich wird der Strom, der im rotierenden
Anker induziert wird, in der Richtung von rechts nach links, von
der Bürste b' nach der Bürste b fließen und nach Passieren der
Bürste b in den unbeweglichen Anker d_1 gelangen, wo er von links
nach rechts der mit $+$ bezeichneten positiven Klemme zustreben
wird. Auf diese Weise stellt der bewegliche Anker a mit dem
zylindrischen Leiter d_1 sozusagen eine bifilare Wicklung dar.

Dieselben Erwägungen in bezug auf Kompensation der Ankerrückwirkung in der Scheiben-Unipolarmaschine führten Thury zu
der in Fig. 16 dargestellten Konstruktion. Das bifilare Prinzip
ist hier in solcher Weise durchgeführt, daß, wenn in der rotierenden Scheibe d der in derselben induzierte Strom vom Zentrum zu

dem Umfang hin fließt, in der Scheibe d', die parallel zu der rotierenden Scheibe d starr und isoliert befestigt ist, der Strom von der Bürste b, also vom Umfang nach dem Zentrum hin fließt.

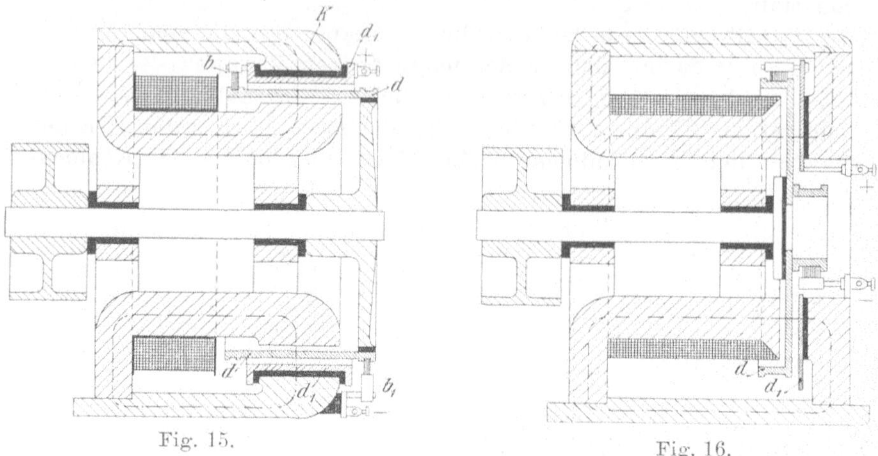

Fig. 15.   Fig. 16.

Im Jahre 1899 hat sich Julius Heubach eine Unipolarmaschine mit Kompensation der Ankerrückwirkung patentieren lassen, die im Prinzip sehr an die Trommelmaschine von Thury erinnert (Fig. 17 u. 18). Heubach bemerkte, daß in der Trommelmaschine von Thury die Bifilarität mit Hilfe zweier Kupferzylinder

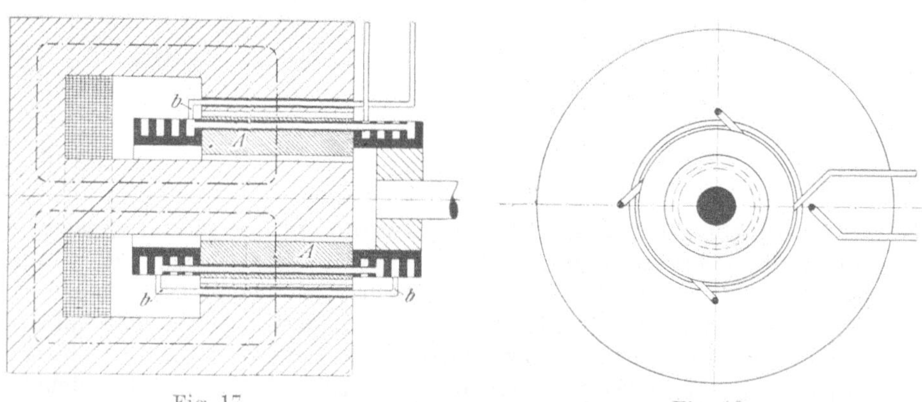

Fig. 17.   Fig. 18.

erreicht wird, wodurch der magnetische Widerstand des Kraftflusses stark vergrößert wird, besonders da der Kompensationszylinder vom Magnetgestell isoliert sein muß. Er schlug deshalb vor, sowohl den der Induktion unterworfenen Zylinder, als auch den kompensierenden durch in Eisen eingebettete Stabwicklungen zu ersetzen (Fig. 17

und 18). Die einzelnen Stäbe des mit der Welle rotierenden und der Induktion unterworfenen Systems A werden der Reihe nach vermittels Bürsten b mit den Stäben des ruhenden Kompensationssystems verbunden. Damit die Kompensation vollkommen wird, muß die Anzahl der Stäbe des Ankers sowie der Kompensationswicklung gleich sein, dann wird nämlich die magnetmotorische Kraft der Ankerwicklung in Gleichgewicht sein mit der magnetmotorischen Kraft der Kompensationswicklung.

Weiterhin erwägt Heubach die Möglichkeit, die Kompensationswicklung zu beiden Seiten des rotierenden Ankers unterzubringen.

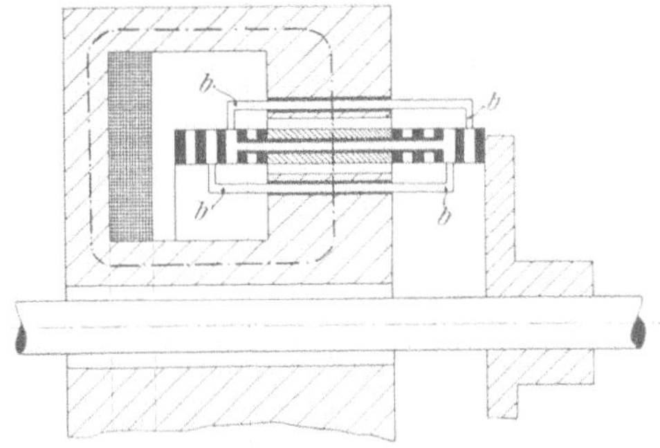

Fig. 19.

Eine Maschine mit derartiger Anordnung der Kompensationswicklung ist in Fig. 19 abgebildet. Ferner schlägt Heubach vor, die kompensierte Unipolarmaschine unter Beibehaltung nur eines Kraftflusses doppelt auszuführen. Eine solche Maschine ist in Fig. 20 skizziert.

Im Jahre 1900 haben die schwedischen Ingenieure Zander und Ingeström sich eine Unipolarmaschine (Fig. 21a u. 21b) patentieren lassen (D. R. P. Nr. 126307), die im allgemeinen an die Maschine von Arnold erinnert, jedoch die Gewinnung von erheblich höherer Spannung gestattet, da der rotierende Anker nicht aus einem massiven Zylinder, sondern aus mehreren Streifen A_1, A_2, A_3 besteht, die dem Mantel eines Zylinders entsprechend gebogen sind. In diesen

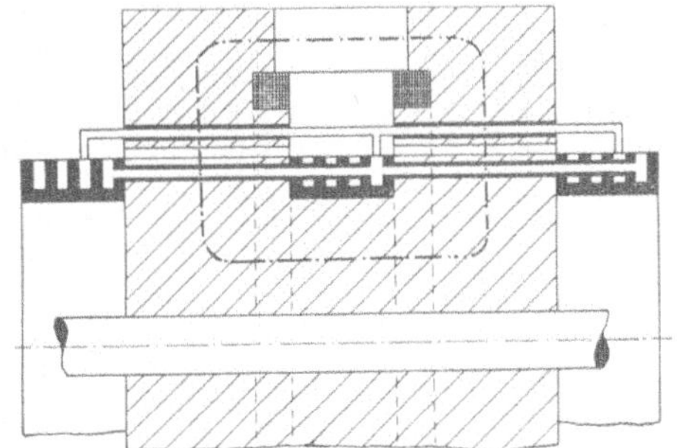

Fig. 20.

Streifen werden elektromotorische Kräfte induziert, die vermittels der Bürsten b und der Leiter γ in Serie hintereinander geschaltet werden. Zander und Ingeström beabsichtigten, ihre Maschine mit sehr großer Geschwindigkeit rotieren zu lassen und haben zu diesem Zweck eine Hälfte der Welle, auf der

der Anker aufgekeilt ist, sehr schwach gestaltet, damit das ganze
bewegliche System sich von selbst zentrisch einstellt, wie es

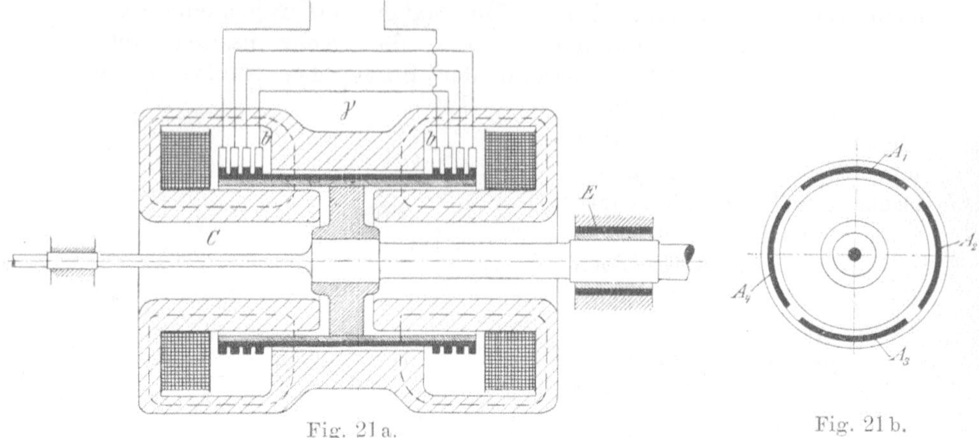

Fig. 21 a.   Fig. 21 b.

bei der de Laval-Turbine der Fall ist. Aus demselben Grunde
haben die Konstruktoren das rechte Lager mit elastischem Kissen E
versehen.

Eine höchst originelle Konstruktion einer Unipolarmaschine in
Verbindung mit einer Dampfturbine hat im Jahre 1903 bis 1904
Beringer angegeben (D.R.P.
Nr. 156092).[1]) (Fig. 22.)

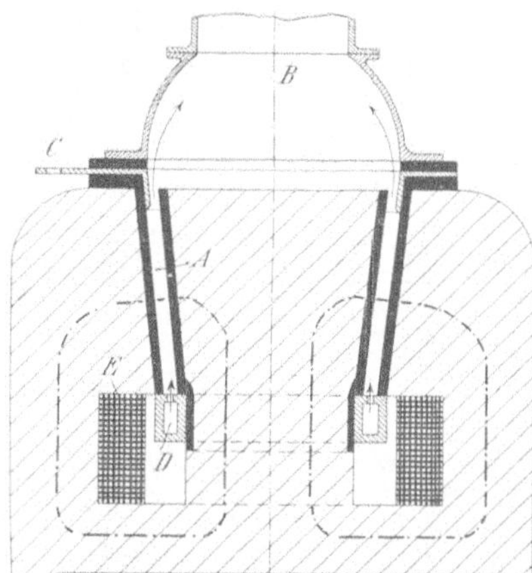

Fig. 22.

Der Leiter ist in diesem Falle
flüssig und füllt die Aussparung A
aus und wird durch Dampf in Bewegung gesetzt. Der Dampf tritt
aus der Metalldüse D unter schar-
fem Winkel zu der Horizontalen
in den Raum A und durch denselben in schraubenförmiger Richtung in den Abdampfkanal B.
Dabei muß der Dampf durch den
flüssigen Leiter hindurchströmen,
er reißt denselben mit sich und
bringt ihn so in eine rotierende
Bewegung. Bei der Rotation des
flüssigen Leiters im Kanal A um
die vertikale Achse schneidet er den Kraftfluß, der durch die
Wicklung E hervorgebracht wird. Dadurch wird in dem Leiter

----

[1]) O. Schulz, Unipolarmaschinen, S. 19.

eine elektromotorische Kraft induziert, die in dem Raum A von oben nach unten oder umgekehrt gerichtet ist. Selbstverständlich müssen die Wandungen des Kanals A, wie angedeutet ist, aus isolierendem Material bestehen.

Als Klemmen dienen in einem solchen Anker einerseits der metallische Behälter mit den Düsen D, der vom Magnetgestell isoliert ist, andererseits aber eine besonders geformte Flanscheinlage C.

Es fehlen Nachrichten darüber, ob Beringer sein Projekt ausgeführt hat, doch kann man schon auf den ersten Blick, trotz der scheinbaren Einfachheit, leicht manche Nachteile erkennen. So

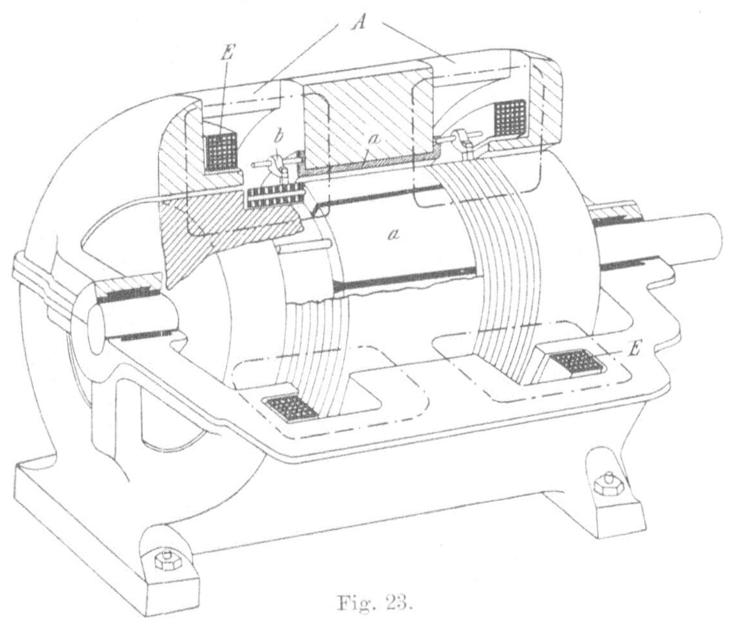

Fig. 23.

wird bei der enormen Geschwindigkeit, mit der der Dampf austritt — 800 bis 1200 m per Sekunde — die Reibung des flüssigen Leiters an den Gefäßwänden so groß werden, daß durch die hervorgebrachte Wärme der Leiter verdampft werden muß. Außerdem wird der Umstand, daß der Auspuffdampf und die mit hohem Potential geladene Elektrode C in enge Berührung kommen, kaum eine Betriebssicherheit dieser Maschine sein.

Im Jahre 1905 hat Jakob Noegerrath sich eine Unipolarmaschine patentieren lassen (D. R. P. Nr. 169333), die besonderes Interesse verdient, da sie in größeren Einheiten (bis zu 2000 KW) durch die Firma „General Electric Co.", Schenectady, ausgeführt worden ist.[1]

---

[1] Proceedings of the American Institute of Electrical Engineers, Jan. 1905.

Die ursprüngliche Konstruktion dieser Maschine ist perspektivisch in Fig. 23 dargestellt.

Auf einem massiven Zylinder aus Eisen sind Stäbe *a* angebracht. Dieselben rotieren im Bereich des durch die Spule *E* erregten magnetischen Kraftflusses und sind beiderseits an entsprechende Schleifringe angeschlossen, auf denen die Bürsten *b* schleifen.

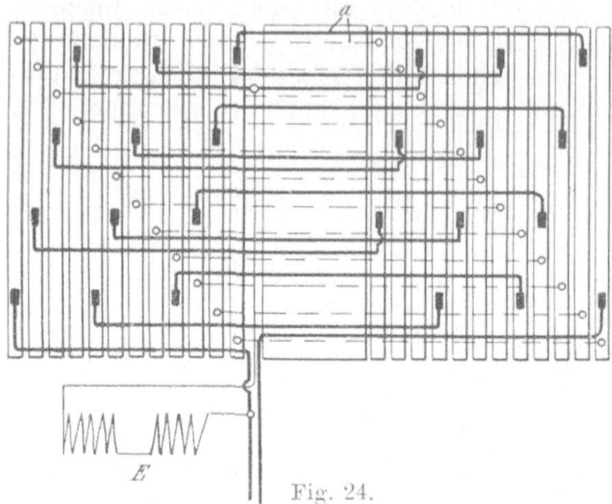

Fig. 24.

Diese Bürsten stehen mit den im Eisen des Magnetgestells eingebetteten Leitern *a* in Verbindung. Die Statorleiter *a* stellen einerseits die Verbindung der einzelnen Rotorleiter *a* in Serie her, andererseits kompensieren sie gleichzeitig die Rückwirkung des Ankers, denn wenn in den Leitern *a* die Ströme von rechts nach links fließen, treten in den Statorstäben *a* entgegengerichtete Ströme auf. Dem Wesen nach ist in diesem Konstruktionsteile die Kompensierung nach der Methode von Heubach ausgeführt.

In Fig. 24 ist die ganze Bewickelung der Maschine von Noegerrath in abgerolltem Zustand dargestellt, wobei die Kompensationsleiter *a* mit starken Strichen, die der Induktion unterworfenen Leiter *a* durch punktierte Linien bezeichnet sind. Die Erregerspule ist mit *E* bezeichnet. In den späteren Ausführungen hat Noegerrath die in Fig. 23 abgebildeten Streifen *a* durch in geschlossene Nuten verlegte Leiter ersetzt. In Fig. 25 ist ein Teil eines solchen Ankers mit der Konstruktion der Verbindung eines der Induktion unterworfenen Leiters mit den Schleifringen *C* dargestellt.

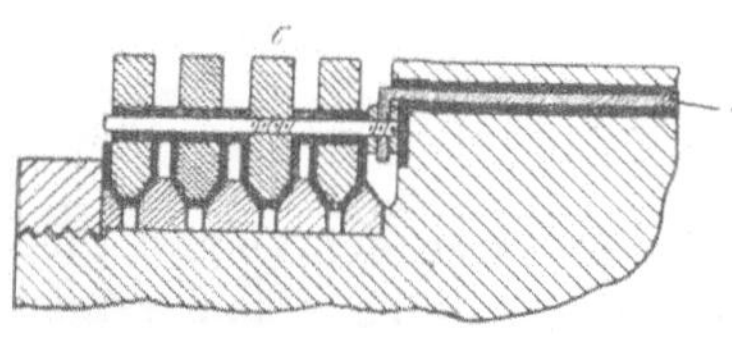

Fig. 25.

Die Erfahrung hat gezeigt, daß die in den Ringen *C* fließenden Ströme von großem Einfluß sind auf den von den Spulen *E* erregten Hauptkraftfluß, und zwar erweist sich diese Einwirkung als nicht konstant, sondern wechselnd in Abhängigkeit von der

Zeit. Eine solche periodisch wechselnde Einwirkung auf den ursprünglichen Kraftfluß würde sich sehr störend bemerkbar machen durch Erzeugung von Hysteresisverlusten in der Masse des ganzen magnetischen Eisens und besonders durch Hervorrufen von Wirbelströmen, wenn eine Kompensierung derselben nicht möglich wäre. Wenn nämlich einer der Ringe c, die in den Fig. 26 bis 29 dargestellt sind, sich in einer solchen Lage befindet, daß der mit diesem Ring verbundene Leiter a direkt unter der Bürste b steht, so wird der in a induzierte Strom unmittelbar in die Bürste b und weiter in den entsprechenden Kompensationsleiter gelangen.

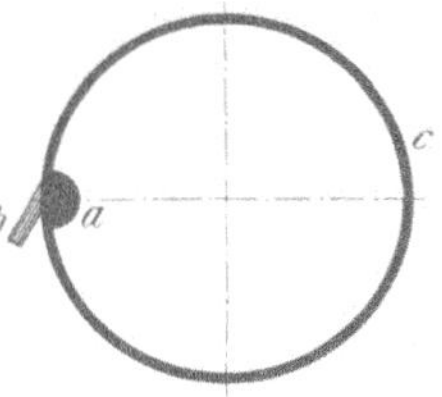

Fig. 26.

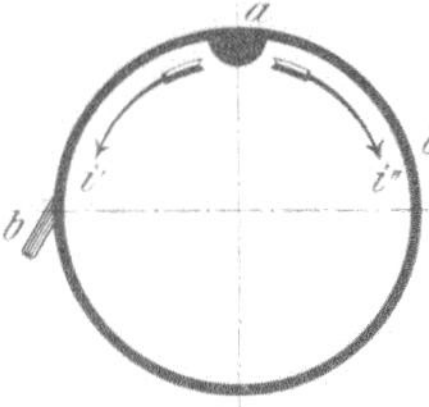

Fig. 27.

In diesem Falle fließt durch den Ring c gar kein Strom. Wenn nun derselbe Ring c in die in Fig. 27 dargestellte Lage gelangt, die von der Lage in Fig. 26 um 90^0 verschieden ist, so wird der Strom aus dem Leiter a zur Bürste b über den Ring c in zwei parallelen Zweigströmen fließen. Der größere Teil des Stromes, i', wird den kürzeren Weg wählen, der kleinere Teil, i'', wird den längeren Pfad benutzen. Nach einer weiteren Vierteldrehung werden die

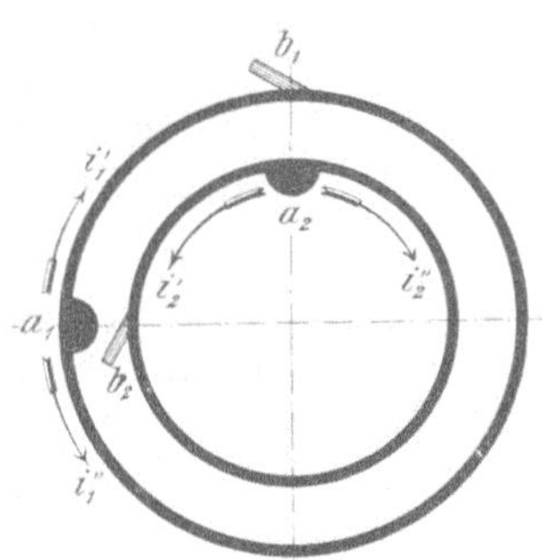

Fig. 28.

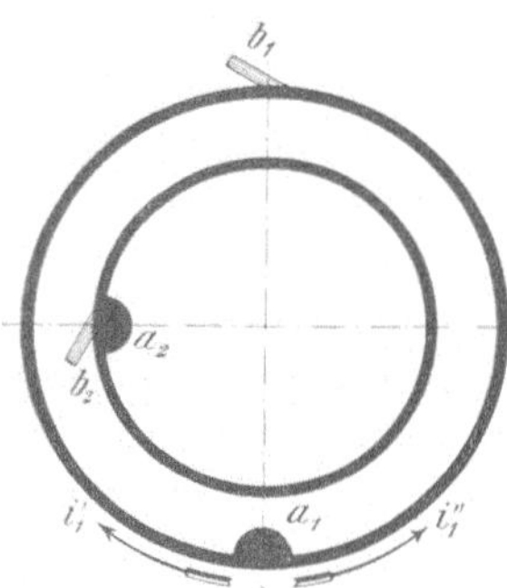

Fig. 29.

Ströme i' und i'' gleich werden, dreht sich der Ring noch weiter, so wird der Strom i'' anwachsen und der Strom i' kleiner werden, bis nach einer vollen Umdrehung, wenn der Leiter a wieder unter die Bürste b gelangt, der Strom i'' den vollen maximalen Wert erreicht und der Strom i' gleich Null wird. In dieser Stellung wird der Ring c wieder stromlos. Die Wirkung dieser Ströme i' und i'' kann man durch die Wirkung der benachbarten Ringe kompensieren. Tatsächlich finden wir, wenn wir auch nur zwei dieser Ringe in Fig. 28 betrachten, an welchen die Leiter a_1 und a_2 unter einem Winkel von 90^0 befestigt sind, und deren Bürsten so angeordnet sind, wie es Fig. 28 zeigt, daß die Ströme i_1' und i_2' der Größe nach gleich sind, denn alle Leiter des Rotors sind in Serie geschaltet, der Richtung aber nach entgegengesetzt sind und demnach einander in magnetischer Hinsicht vollkommen kompensieren. — Ebenso kompensieren sich die Ströme i_1'' und i_2''. Allerdings kann man bei einem Paar Ringe noch nicht die Verzerrung des Hauptfeldes vermeiden, die z. B. bei der in Fig. 29 dargestellten Lage der Leiter a_1 und a_2, beobachtet wird, aber bei mehreren Ringpaaren kann man auch diese Erscheinung ganz durch Kompensation wegschaffen. — Hierbei muß man hinsichtlich der Anordnung der Befestigungsstellen von Leitern und Ringen

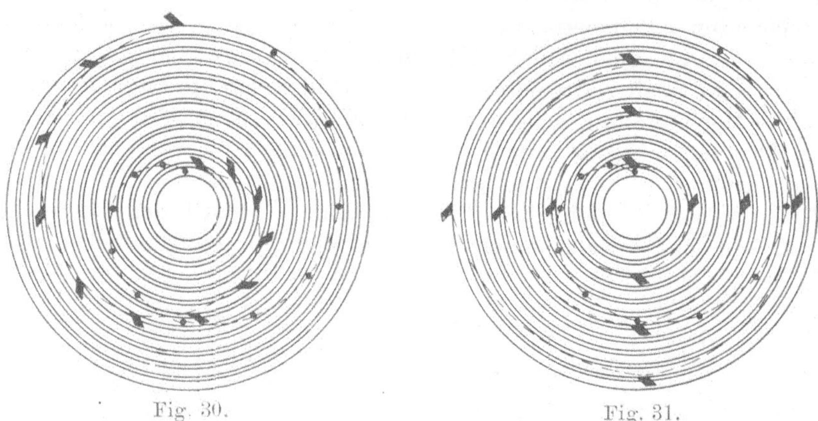

Fig. 30.   Fig. 31.

und der Lage der entsprechenden Bürsten folgende Regel beobachten: Wenn die der Induktion unterworfenen Leiter auf den Umfang des Ankers unter dem Winkel x gegeneinander angebracht sind, so müssen die entsprechenden Bürsten gleichfalls unter dem Winkel x, nur nach der entgegengesetzten Seite hin verschoben, angeordnet werden. — So sind z. B. in den Fig. 28 bis 29 die Leiter a_2 und a_1 gegeneinander um den Winkel $x = 90^0$, und zwar in einem dem Uhrzeiger entgegengesetzten Sinne verschoben, die Bürsten b_2 und b_1 gleichfalls um $x = 90^0$, aber im Sinne des Uhrzeigers.

Für einen Anker mit 12 der Induktion unterworfenen Leitern und 12 Ringen würde das Schema der Verbindungen der Leiter mit den Ringen (durch Kreise bezeichnet) und die Anordnung der Bürsten nach der oben ausgeführten Regel so ausfallen, wie es in Fig. 30 dargestellt ist.

Wie aus diesem Schema ersichtlich, bilden alle Verbindungsstellen zwischen Leitern und Ringen in diesem Falle eine Spirale; die Stellen, wo die Bürsten angebracht werden, eine zweite Spirale. (In Wirklichkeit werden es bei gleichem Durchmesser aller Ringe nicht Spiralen, sondern Schraubenlinien.) Jedoch ist eine solche Verteilung der Bürsten in der Ausführung unbequem, denn die Öffnungen (siehe Fig. 23) für die Besichtigung der Bürsten können nur an einigen bestimmten Stellen angebracht werden. — Deshalb schlägt Noegerrath vor, die Bürsten wohl nach einer Spirale anzuordnen, aber gegenseitig noch um einen Winkel von 90° zu verschieben. — Das Schema einer solchen Anordnung der Bürsten, die hinsichtlich der Besichtigung und Auswechselung derselben erhebliche Vorteile besitzt, ist in Fig. 31 dargestellt.[1]

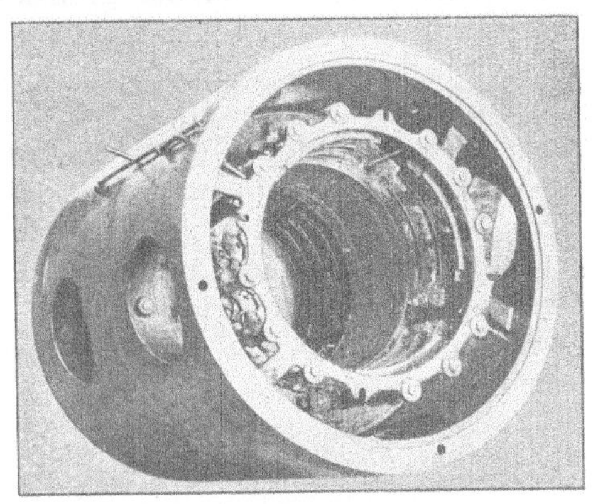

Fig. 32.

Wie aus der Zeichnung ersichtlich ist, gruppieren sich die Bürsten in diesem Falle an vier Stellen des Umfangs der Ringe und folglich auch des Stators, von jeder Seite sind also je vier Öffnungen A vorzusehen. (Fig. 23.)

Fig. 32 zeigt die allgemeine Ansicht des Stators mit der Bürstenbrücke eines unipolaren Noegerrathschen Generators von 300 KW Leistung. Durch runde Öffnungen, deren je vier an jedem Ende des Stators angeordnet sind, ist die Möglichkeit gegeben, die unter diesen Öffnungen gruppierten Bürsten zu besichtigen.

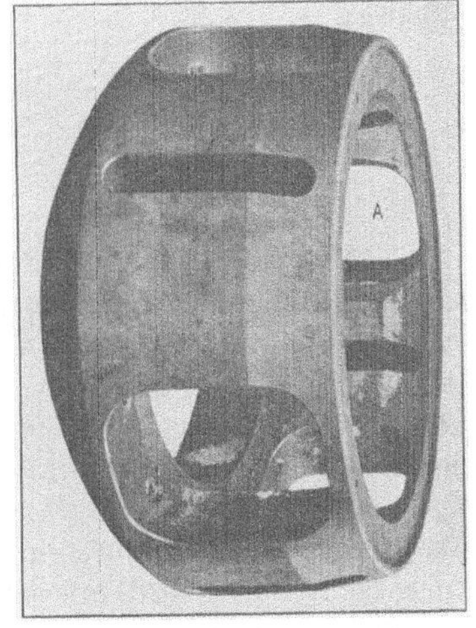

Fig. 33.

In Fig. 33 ist die Hälfte des Stator-Magnetgestells eines größeren Generators (500 KW) dargestellt. In diesem Falle werden

---

[1] Verhandlungen des Vereins zur Beförderung des Gewerbefleißes, Heft 8, 1908. „Praktisch brauchbare Unipolarmaschinen für höhere Spannungen von W. Wolf."

die Öffnungen *A* zur Besichtigung der Bürsten nicht rund, sondern rechteckig ausgeführt.

Damit die kühlende Luft leichter zu den Bürsten gelangen kann, werden im Gestell der großen Generatoren längliche Schlitze vorgesehen, durch die die Luft für die Bürsten angesaugt wird, um durch die großen Öffnungen *A* wieder zu entweichen.

Es ist leicht ersichtlich, daß die Maschinen von Noegerrath auch als raschlaufende Motoren, sowie als rotierende Spannungsteiler funktionieren können. — Tatsächlich kann die an den Enden jedes der der Induktion unterworfenen Leiter gewonnene Spannung von dem entsprechenden Ringpaare in das äußere Netz geleitet werden. — Ebenso kann bei den Maschinen von Noegerrath, wenn sie als Generatoren arbeiten, dem Spannungsabfalll im Netz nicht nur durch Veränderung der Erregung entgegengewirkt werden, sondern auch durch die Vergrößerung der Anzahl der der Induktion unterworfenen und in Serie geschalteten Rotorleiter. In Fig. 34 ist der Rotor eines solchen unipolaren Autotransformators für eine Spannung von 125 Volt dargestellt.

Fig. 34.

Nach Angabe von Noegerrath werden in jedem Leiter eines solchen Rotors 6,25 Volt induziert.

In großen Generatoren muß man zur Erzielung von hohen Spannungen eine große Anzahl von stromführenden Ringen verwenden, und ebenso eine große Anzahl von Bürsten. — Bei den enormen Umfangsgeschwindigkeiten (bis zu 125 m/sek), die Noegerrath für die Bürsten zuläßt, und bei dem hierbei unvermeidlichen starken Bürstendruck erwärmen sich die Bürsten und Ringe sehr stark und müssen spezielle Konstruktionen angewendet werden, um eine intensive Kühlung der Gleitkontakte zu erzielen.

In Fig. 35 ist eine solche bei großen Generatoren angewandte Konstruktion dargestellt. Unter die Ringe, auf denen die Bürsten schleifen, werden Stützen *A* angebracht, die stellenweise Ansätze *B* besitzen, deren Bestimmung es ist, den Axialdruck bei der Montage des ganzen Systems aufzunehmen. — Selbstverständlich werden die Stützen *A* wie auch die Ansätze *B* durch Zwischenlagen von dem Kern des Kollektors und voneinander isoliert, da sie elektrisch mit den entsprechenden Ringen C verbunden sind.

Durch Öffnungen K im Kern des Kollektors strömt die Kühlluft ein, die dann weiter an den Stützen A und Ansätzen B vorbeistreicht und die Ringe C umspült und kühlt.

Bei kleineren Generatoren werden die Stützen für die (Fig. 36) stromsammelnden Ringe aus einer Reihe von Ringen C_1 hergestellt, zwischen denen durch Ansätze die stromsammelnden Ringe C eingeklemmt werden. Letztere werden zu diesem Zweck mit entsprechenden nach innen gerichteten Ansätzen versehen. Zwischen die Ansätze der Ringe C und C_1 wird eine solide Isolierschicht b eingefügt. — In den Ringen C werden Löcher d zur Aufnahme

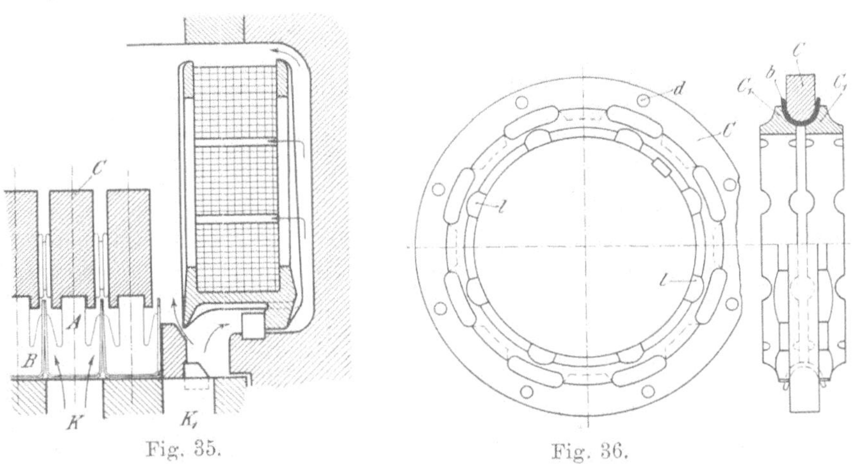

Fig. 35.　　　　　Fig. 36.

der der Induktion unterworfenen Leiter gebohrt, in den Ringen C_1 Löcher l zur Zuführung der Kühlluft. Ein solcher Kollektor, nur ohne die zugehörigen Leiter, ist in Fig. 37 in der Ansicht dargestellt.

In den neuesten Unipolargeneratoren von Noegerrath kann das Kollektorsystem von dem Rotorkörper zusammen mit der Hälfte (der Länge nach) der arbeitenden Leiter abgezogen werden, wie es in Fig. 38 dargestellt ist.

In diesem Falle wird der Rotor im ganzen so ausgebildet, wie in Fig. 39a gezeichnet ist; die Konstruktion eines aus zwei Teilen bestehenden Leiters ist aus Fig. 39b ersichtlich.

Die zur Kühlung der Ringe B (Fig. 39a) erforderliche Luft wird in axialer Richtung durch runde Öffnungen E in die zylindrische Kammer E eingeführt, von wo dieselbe durch radiale Kanäle zu dem Kollektorsystem geleitet wird. Um eine genügende Zufuhr

von Kühlluft sicher zu stellen, führt Noegerrath die Luft in die
Kammer G in der Mitte des Rotors durch Kanäle, die im Inneren
der Welle längs derselben gehen, wodurch nebenbei auch eine Verminderung der Wirbelströme in der Generatorwelle erzielt wird.

 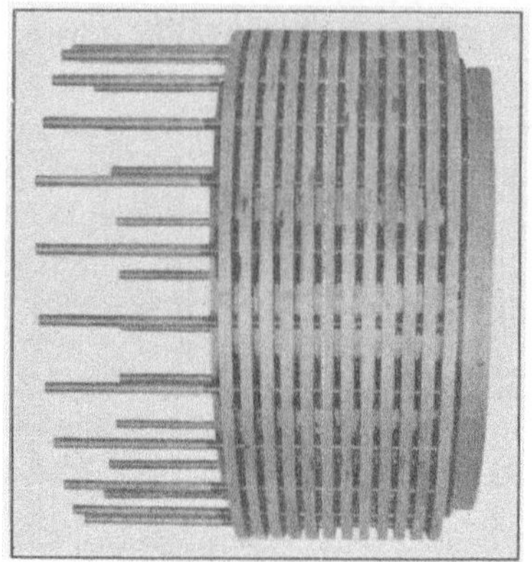

Diese Ströme werden von Noegerrath wohl als unbedeutend, aber
doch als unerwünscht bezeichnet. — Damit die den Strom er-
zeugenden Leiter die radial gerichteten Kraftlinien schneiden, setzt

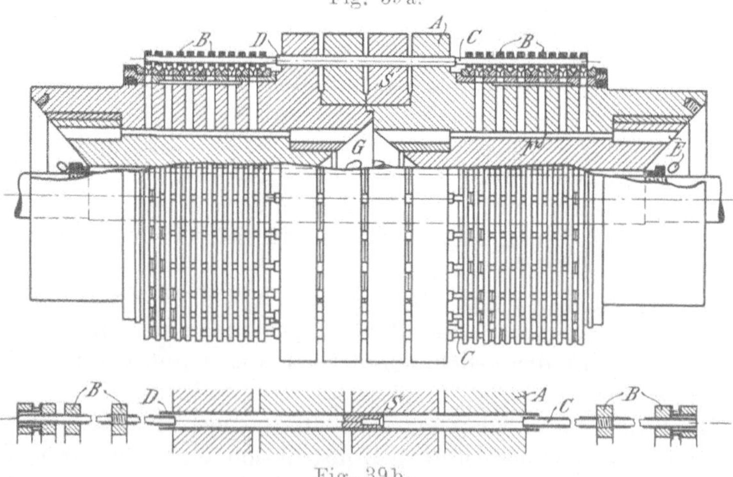

Fig. 39 a.

Fig. 39 b.

Noegerrath in den letzten Konstruktionen die Mitte des Rotors
aus mehreren Teilen zusammen. Dadurch wird gleichzeitig eine
gleichmäßigere magnetische Induktion erzielt und werden die
Ursachen vermieden, die einen Axialdruck hervorbringen können.

Solche Drücke sind augenscheinlich in den früheren Konstruktionen
der Unipolarmaschinen von Noegerrath aufgetreten, und zwar infolge von ungleichem magnetischen Widerstand der linken und
rechten Seite des Rotors (z. B. infolge von Gußfehlern). Wie aus der

Fig. 40.

Zeichnung (Fig. 39b) ersichtlich ist, werden die stromerzeugenden
Leiter, die in axialer Richtung mit dem Kollektorsystem verschoben
werden können, in der Mitte des Rotors einfach durch Ineinanderschieben der Enden S verbunden. Bei dem Anblick einer solchen
Verbindung von Leitern, die gewöhnlich sehr starke Ströme führen,
bis zu Tausenden von Ampere, kann man
nicht umhin, den Wagemut des amerikanischen Erfinders anzustaunen, mit dem
er sich für eine solche Konstruktion entschlossen hat. Doch hat die Praxis gezeigt, daß bei den enormen Zentrifugalkräften, die in den Rotoren von Noegerrath entstehen, die ungelötete Verbindung,
durch die Fliehkraft innig zusammengedrückt, sich ebensogut bewährt wie eine
gelötete, und dabei sehr wesentliche Vorteile bei der Demontierung des Kollektors bietet.

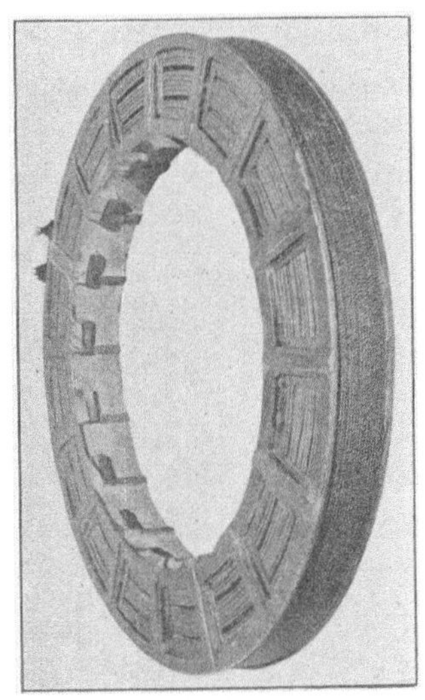

Fig. 41.

Noegerrath erwähnt nichts darüber,
wie oft die Ringe des Kollektorsystems
nachgedreht werden müssen, aber schon
aus dem Umstand, daß dieser geniale
Konstrukteur Geschwindigkeiten bis zu
125 m/sek verwendet, bis zu denen sich
vor ihm noch niemand verstiegen hat, und aus der Bemerkung,
daß die in seinem Generator verwendeten Metallbürsten sich innerhalb 24 Stunden um 80 mm abnützen, kann man schließen, daß
auch die Kollektorringe erheblichen Verschleiß aufweisen und öfter

als bei gewöhnlichen Turbogeneratoren ein Nachdrehen erforderlich
machen.

Bei der Montage der fertigen Kollektorsysteme und der stromführenden Leiter werden die letzteren in isolierende Hülsen D ein-
geschoben, die ihrerseits im Rotorkörper eingebettet sind. — Eine Gesamtansicht des in Fig. 38 und 39 dargestellten Rotors zeigt Fig. 40.

Betreffs der Erregung ist zu bemerken, daß die Generatoren von Noegerrath entweder als Nebenschlußmaschinen oder als Kompoundmaschinen gebaut werden.

Zur Vermeidung von Axialdrücken werden die Amperewindungen der Erregung gleichförmig auf beide Seiten des Rotors

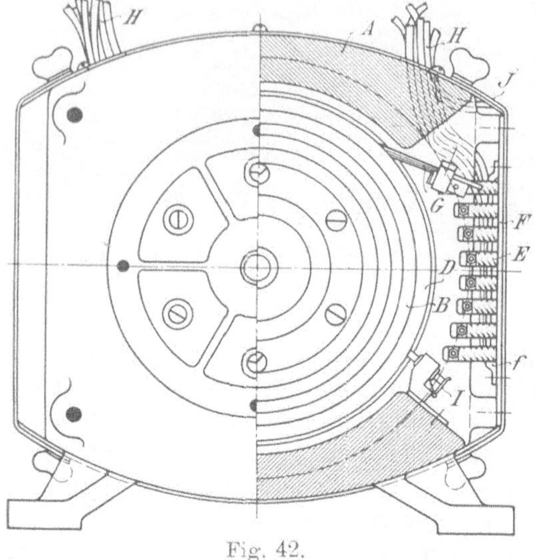

Fig. 42.

verteilt und in Form von großen Spulen ausgeführt, die auf
Metallschablonen gewickelt sind.   Gewöhnlich wird jede Spule der

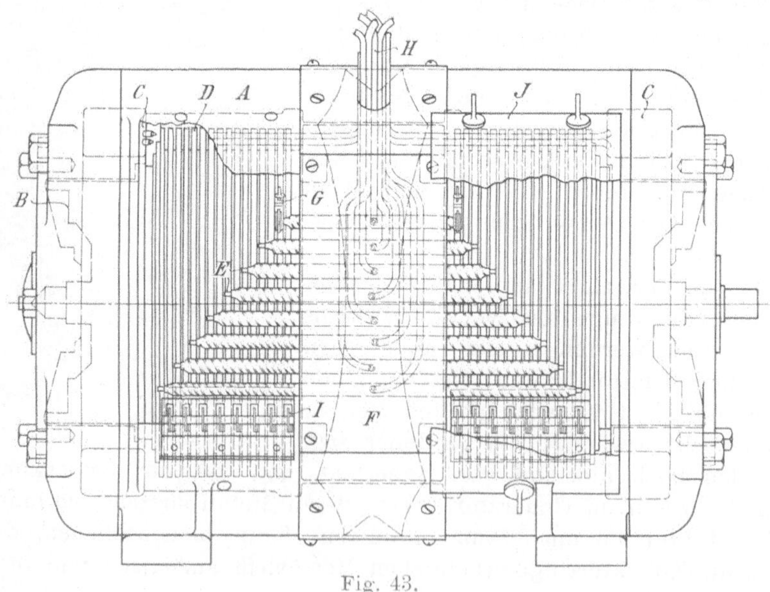

Fig. 43.

besseren Kühlung wegen aus mehreren einzelnen Spulen gebildet, zwischen denen die Luft durchströmen kann. In Fig. 35 ist eine solche aus drei Sektionen bestehende Wicklung dargestellt. Die

Fig. 44.

zwischen den einzelnen Spulen passierende Luft wird durch einen besonderen im Rotor befindlichen Ventilationskanal zugeführt. — Die Gesamtansicht einer Erregerspule für einen unipolaren Generator von Noegerrath von 2000 KW ist in Fig. 41 dargestellt.

Für kleine Maschinen hat Noegerrath im Jahre 1908 folgende interessante Konstruktion angegeben, die die Bürsten leicht sichtbar und zugänglich macht und außerdem verschiedene Kombinationen von Spannungen zuläßt.

In Fig. 42 ist eine Hälfte der Seitenansicht und eine Hälfte des Durchschnittes gezeigt, in Fig. 43 eine Seitenansicht mit teilweise entfernten Schutzblechen, die aus Eisen bestehen und das Bürstensystem verdecken; in Fig. 44 die allgemeine Ansicht

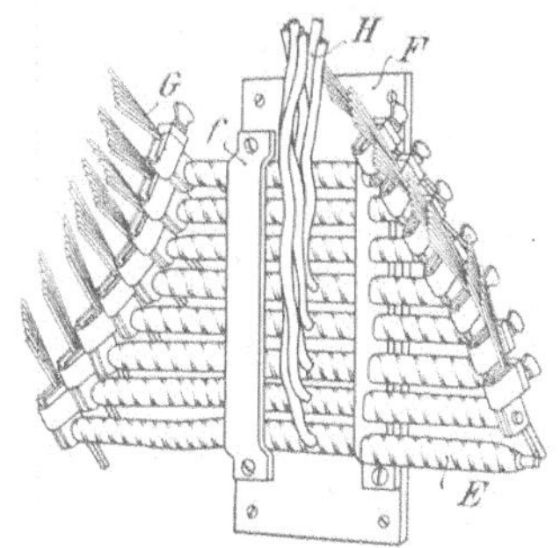

Fig. 45.

des Autotransformators ohne Rotor und mit abgenommenen Bürstenhaltern. Der Rotor der Maschine ist separat in Fig. 34 dargestellt.

In Fig. 45 ist das Klemmbrett abgebildet, an dem die Leiter befestigt sind, die die Bürstenpaare verbinden. Das Prinzip, die Ankerreaktion durch Anordnung dieser Leiter in der Nähe der Rotoroberfläche zu kompensieren, ist in diesem Falle von Noegerrath nicht angewendet worden. — In Fig. 42 bezeichnet A das in Stahlguß ausgeführte Gestell des Stators, B den Rotor, D die Kollektorringe, auf denen die Bürsten G schleifen. Die Bürsten G werden paarweise durch Leiter E verbunden, die an das abnehmbare Brett F mittels Metallstreifen f befestigt sind. Von der Mitte eines jeden Leiters geht ein biegsames Kabel H ab, wodurch die Möglichkeit gegeben ist, die in den einzelnen Leitern des Rotors induzierten

Fig. 46.

Spannungen außerhalb der Maschine auf verschiedene Weise zu kombinieren. Die den Strom abnehmenden Bürsten bestehen sowohl in dieser, als auch bei den anderen Konstruktionen von Noegerrath aus Metall. — Jedoch empfiehlt Noegerrath für jeden Kollektorring noch eine besondere Graphitbürste I zur Schmierung der Ringe vorzusehen, wodurch ohne Vergrößerung des Übergangswiderstandes der Gleitkontakte die Reibungsarbeit vermindert wird. In Fig. 43 sind mit C die Stellen bezeichnet, wo sich die Erregerspulen befinden und mit B (punktiert) die Konturen des Rotors.

In Fig. 45 ist das abnehmbare Brett F mit den auf demselben befestigten Leitern E und H und den Bürsten G separat dargestellt.

Die Maschinen von Noegerrath haben in Amerika eine sehr verschiedene Verwendung gefunden. So ist in Fig. 46 ein Motorgenerator dargestellt. Er besteht aus einem gewöhnlichen Gleichstrom-Kollektormotor mit Wendepolen von 1200 Umdr. i. d. Min. und einem mit diesem unmittelbar gekuppelten Generator von 6 Volt Spannung bei 8000 Ampere Stromstärke. Der Generator liefert Strom für elektrolytische Zwecke.

In Fig. 47 ist ein Noegerrathscher Unipolar-Generator von 300 KW Leistung dargestellt.[1]) Es ist dieses der erste Generator von Noegerrath, mit dem er die Experimente ausführte, von deren Resultat das weitere Schicksal seiner Konstruktionen abhing. Der Rotor dieser Maschine besaß 24 der Induktion unterworfene Leiter, die an 2×24 Ringen befestigt waren, je 24 an jeder Seite des Rotors. Die Leiter haben auf der Oberfläche des Rotors die Form flacher Bleche und gehen in der Gegend der Kollektorringe in runde Stangen über, so daß die wirkliche Ausführung des Rotors dieses Generators an die im Schema Fig. 23 dargestellte Konstruktion erinnert. Die flachen Teile der Rotorleiter sind nicht genau an die zylindrische Oberfläche des Rotors angepaßt, sondern etwas geneigt zu ihr ausgeführt, nach Art der Flügel von Ventilatoren, wodurch augenscheinlich die Ventilation des Generators verstärkt wird. Über diese Leiter ist eine Bandage aus Stahldraht angebracht. Noegerrath nimmt an, daß man durch eine gleichförmige Verteilung des stromführenden Kupfers über die ganze Oberfläche des Rotors eine erhebliche Verminderung der Ankerreaktion erzielen kann, da eine solche Konstruktion einen großen Luftzwischenraum im Gefolge hat.

Fig. 47.

1) Proceedings of the American Institute of Electrical Engineers, Nr. 1, 1905.

Das System der unbeweglichen Leiter, die die Ankerrückwirkung kompensieren, besteht in diesem Falle aus 12 Kabeln.

In Fig. 48 sind die Verluste in dem erwähnten Generator durch Kurven dargestellt; die Kurve I stellt die Veränderung aller Verluste in Abhängigkeit von der Tourenzahl dar, die Kurve II die Reibungsverluste und die Kurve III die Erwärmung der Kollektorringe. Die Ringe waren aus Stahl, die Schleifbürsten aus Kupfer.

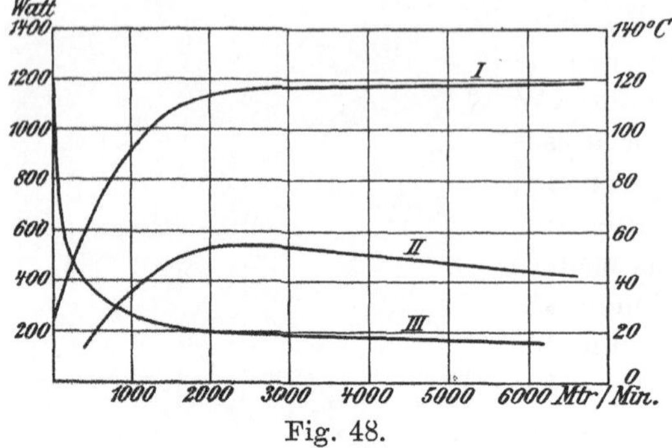

Fig. 48.

In Fig. 49 ist die Kurve des Wirkungsgrades eines Generators von 300 KW dargestellt, aus der man ersehen kann, daß der Wirkungsgrad einer Unipolarmaschine sich wenig von dem Wirkungsgrad gewöhnlicher Kollektormaschinen unterscheidet.[1] Die Jouleschen Verluste des Erregerstromes sind nach Angaben von Noegerrath geringer als die entsprechenden Verluste in Kollektormaschinen, da der gesamte magnetische Widerstand des Kraftlinienflusses geringer ist.

Die Verluste an Stromwärme im Rotor sind minimal infolge der verhältnismäßig geringen Länge der Rotorleiter. — Wenn man die Konstruktion eines solchen Generators vom rein theoretischen Standpunkt betrachtet, so könnte man annehmen, daß Verluste

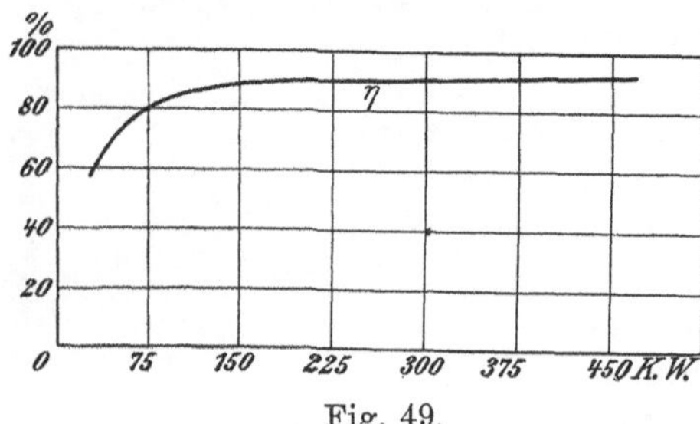

Fig. 49.

durch Hysteresis und durch Foucault-Ströme überhaupt nicht auftreten, doch stellt sich heraus, daß Verluste durch Wirbelströme und Hysteresis, wenn auch nur von ganz unbedeutender Größe, dennoch auftreten, da einerseits der Stahlguß nie ganz gleichartig ausfällt, und andererseits doch eine Ankerrückwirkung stattfindet, durch die das ursprüngliche Magnetfeld stellenweise abgeschwächt und anderorts wieder verstärkt wird. Auch gibt die Gestaltung der der Induktion unterworfenen Leiter (in Form von flachen Streifen) Anlaß zur Vermutung, daß in denselben Wirbelströme entstehen.

---

[1] Elektrotechnischer Anzeiger Nr. 103, S. 1141.

Wenn wir das Diagramm in Fig. 48 betrachten, so muß uns die sonderbare Erscheinung auffallen, daß mit dem Anwachsen der Umfangsgeschwindigkeit die Reibungsverluste zuerst ansteigen und dann allmählich wieder kleiner werden (Kurve II). Auch ist der Einfluß der Ventilation auf die Temperatur der Ringe in Abhängigkeit von der Tourenzahl sehr interessant. Was nun die Stromdichte in den Gleitkontakten betrifft, so betont Noegerrath, daß in den Schleifringen, wie es schon Professor E. Arnold in seinem Werke „Die Gleichstrommaschine", Bd. I, S. 333, veröffentlicht hat, mit der Vergrößerung der Stromdichte der scheinbare Übergangswiderstand der Schleifkontakte geringer wird.

Fig. 50.

Betreffs des Bürstendruckes äußert sich Noegerrath, daß eine Vergrößerung desselben keine erhebliche Verminderung des Übergangswiderstandes zur Folge hat und nur dazu dient, die Entstehung von Funken zu vermeiden, die bei großen Geschwindigkeiten und schwachem Druck durch Vibration der Bürsten entstehen könnten.

Sehr interessant ist noch außerdem, daß ein solcher Generator gegen Kurzschlüsse und momentane Überlastungen sehr wenig empfindlich ist. — Da eine Kommutierung des Stromes wegfällt, verschwindet ein Teil der gefahrbringenden Erscheinungen, die infolge von Kurzschlüssen auftreten, dem anderen Teil, nämlich der Erwärmung der Leiter und ihrer Deformation, wird durch die allgemeine energische Kühlung der ganzen Maschine entgegengewirkt. Die Dauer von Kurzschlußströmen pflegt für gewöhnlich nur kurz zu sein, und in dieser Zeit können sich die kräftig ventilierten Bewickelungen nicht bis zu einer gefährlichen Temperatur erwärmen. Versuche haben gezeigt, daß momentane Überlastungen bis $200^0/_0$ und mehr keinen schädlichen Einfluß auf den Generator hervorbrachten. Diese Eigentümlichkeit der Unipolarmaschinen macht sie besonders brauchbar zur Energieabgabe an Bahnmotoren und Hebewerke.

Fig. 50 stellt einen Teil einer elektrischen Zentrale dar, die mit Unipolarmaschinen von Noegerrath ausgerüstet ist. Diese Generatoren arbeiten parallel auf ein Dreileiternetz von 200 $\times$ 300 Volt. Je 300 Volt werden aus jeder Hälfte der induzierten

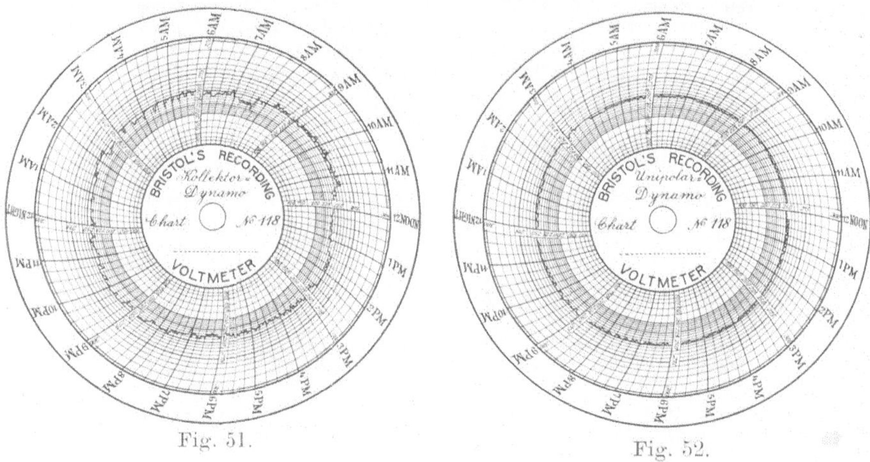

Fig. 51.   Fig. 52.

Leiter (der der Induktion unterworfenen Leiter) des Rotors entnommen, ohne daß irgendwelche zusätzliche Vorrichtungen zur Teilung der Spannung, wie z. B. die von Dilovo-Dobrowolski, erforderlich sind. Diese Generatoren liefern Strom für Beleuchtung und für Kranmotore; sie leisten je 500 KW. Besonderes Interesse besitzt der Umstand, daß auf der beschriebenen Station auch Kollektormaschinen vorhanden sind, die für dasselbe Netz Strom geliefert haben.[1] Durch liebenswürdiges Entgegenkommen von Noegerrath ist es dem Autor ermöglicht worden, Originalabzüge von Diagrammen der Netzspannung zu erhalten, sowohl während des Betriebes von Kollektormaschinen, wie auch von Unipolarmaschinen. — In beiden Fällen hatten die Generatoren Nebenschlußerregung, auch waren die Verhältnisse bezüglich Regulierung und Belastung gleichartig.

[1] Electrical World, Vol. 52, Nr. 2. September 1908.

In Fig. 51 und 52 sind die Spannungsdiagramme für Kollektormaschinen und für Unipolarmaschinen dargestellt. Die bessere Regulierung der Spannung der Unipolarmaschinen bei plötzlichen Spannungsänderungen ist auffällig und erklärt sich durch die größere Geschwindigkeit der Generatoren und deren größere Massen.

In letzter Zeit hat General Electric Co. einen Generator von 2000 KW Leistung (Fig. 53) bei verschiedener Spannung gebaut, und zwar bei 200, 300 und 600 Volt. Der Generator besitzt 96 Bürsten, also 48 der Induktion unterworfene Leiter, die zur Erzielung von 600 Volt alle hintereinander geschaltet werden. In jedem Leiter werden folglich 12,5 Volt induziert.

Nach den ersten Erfolgen von Noegerrath hat eine ganze Reihe von Elektrotechnikern sich der Frage der Unipolarmaschinen zugewandt, und können wir folgende Konstruktionen als Ergebnis ihrer Arbeiten verzeichnen:

Im Jahre 1905 hat W. Mathiesen eine sehr originelle Konstruktion einer Scheiben-Unipolarmaschine

Fig. 53.

zum Patent angemeldet, die in Fig. 54 dargestellt ist. Mathiesen hat ganz richtig vermutet, daß eine Hauptschwierigkeit bei der Konstruktion der schnellaufenden Unipolarmaschinen in der heikelen Stromabnahme an dem Umfang besteht, also an einer Stelle, wo die Geschwindigkeit am größten ist. — Sogar ein sehr erheblicher Druck auf die Bürsten schließt nicht die Möglichkeit aus, daß bei einer Vibration der Bürsten Funken entstehen. — Auf der Annahme basierend, daß diese Vibrationen infolge von schnell aufeinander folgenden Stößen auftreten, die von der Scheibe auf die Bürsten übertragen werden, schlug Mathiesen vor, den Rotor des Generators an einem kugelförmigen Gelenk aufzuhängen und das untere Ende der Welle ganz frei zu belassen. Die der Induktion unterworfenen Scheiben d und d_1 werden auch nach einer Kugelfläche bearbeitet, deren Mittelpunkt im Punkt b sich befindet.

Bei dieser Anordnung treten im raschlaufenden Rotor die Erscheinungen des Gyroskopes auf, er zentriert sich automatisch und läuft vollkommen stoßfrei.

Um höhere Spannungen zu erzielen, schlägt Mathiesen vor, an einem Kugelgelenk Rotoren von zylindrischer Form aufzuhängen, ähnlich wie die von Noegerrath. In diesem Falle wird das untere Ende der Welle zur Aufnahme von event. möglichen, durch Gußfehler hervorgebrachten Seitenkräften in eine besondere Führungshülse A (Fig. 55) befestigt.

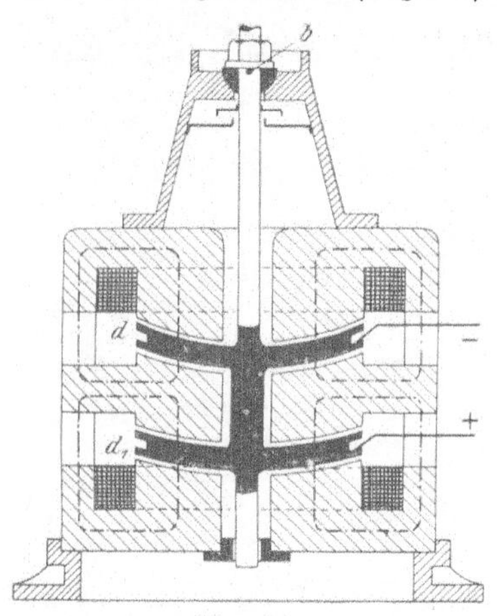

Fig. 54.

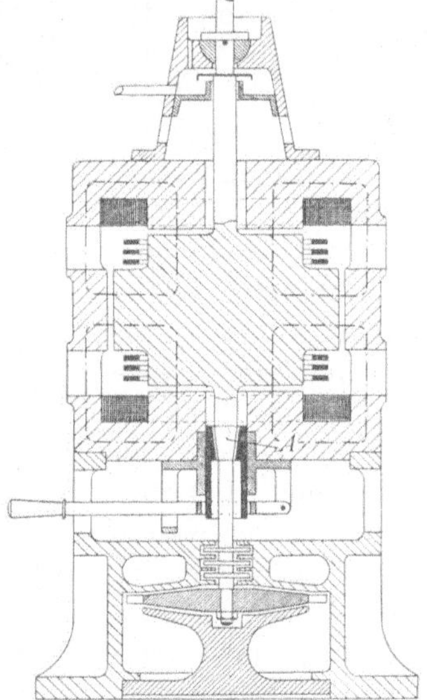

Fig. 55.

Das Laufrad der Dampfturbine wird hierbei direkt auf der Verlängerung der Rotorwelle aufgesetzt.

Ungefähr um dieselbe Zeit schlug P. Steinmetz[1]) die in Fig. 56 und 57 dargestellte Konstruktion einer Unipolarmaschine vor. Der Rotor A des Generators von Steinmetz erinnert im allgemeinen an den Rotor von Noegerrath, der durch die Spule E hervorgebrachte induzierende Kraftlinienfluß des Stators wird durch die gleichnamigen radial angeordneten Magnetpole direkt an den Umfang des Rotors geleitet. — Diese Pole werden an das Magnetgestell des Stators G mit den Schrauben b befestigt. Steinmetz

---

[1]) Electrical World, New-York, Vol. 46, S. 913.

nimmt an, daß hierbei der Kraftfluß, der die Oberfläche des Rotors durchdringt, sich vollkommen gleichmäßig auf die ganze Oberfläche des Rotors verteilt.

Die Bürsten B und B_1 werden, wie auch bei Noegerrath, in Serie miteinander verbunden, wobei von den zwei äußersten

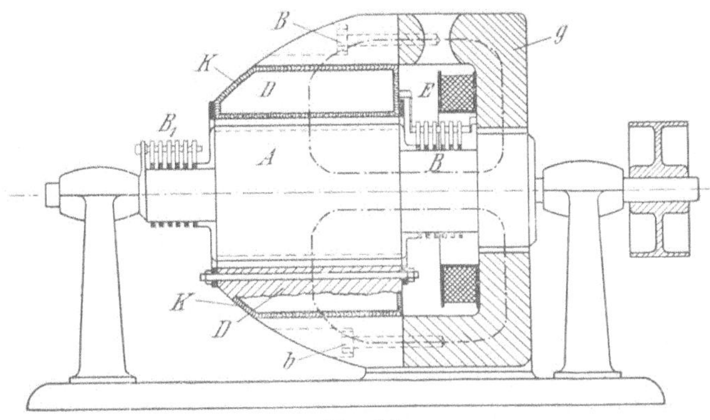

Fig. 56.

Bürsten ein Teil des Stromes durch einen die Erregung regulierenden Widerstand in die Spule E geleitet wird.

Durch die Ankerrückwirkung wird ein mit dem Rotor konzentrischer Kraftfluß hervorgebracht, der durch die Pole D fließt (in Fig. 57 durch strichpunktierten Linienzug bezeichnet). Zur Kompensierung dieses Flusses schlägt Steinmetz vor, um die Pole eine kompensierende Wicklung K zu legen. Außerdem werden die Polenden mit starken, kurzgeschlossenen, ringförmigen Leitern L versehen, die in der Art wie die Dämpfer von Leblanc zur Abschwächung der Schwankungen des magnetischen Hauptflusses dienen, von Schwankungen, die durch das Passieren der starke Ströme führenden Leiter des Rotors hervorgerufen werden.

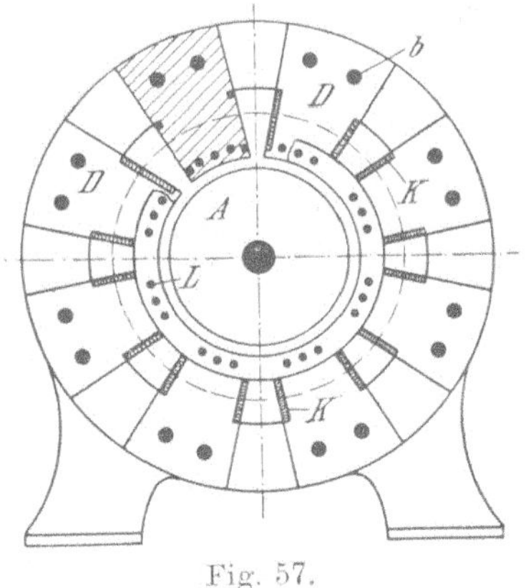

Fig. 57.

Im Jahre 1907 hat Elihu Thomson sich die in Fig. 58 dargestellte Konstruktion einer Unipolarmaschine patentieren lassen.

Im allgemeinen erinnert die Konstruktion sowohl des Rotors wie des Stators an die Konstruktion von Noegerrath, mit dem einzigen Unterschied, daß die der Induktion unterworfenen Leiter a,

ausgeführt in der Form von flachen Streifen, sich nicht wie bei
Noegerrath auf der Oberfläche des Rotors befinden, sondern
durch einen ganzen zylindrischen Stahlring a_1 umschlossen sind,
der einerseits als Bandage dient, andererseits verhindert, daß das Reaktionsfeld des Ankers bis zu den Statorwindungen gelangt. — Dieser Gedanke gibt Grund zur Hoffnung, daß es gelingen kann, die Fluktuationen des Hauptfeldes, die durch einzelne Teile des Rotors hervorgerufen werden, ganz zu vermeiden, obwohl die Ankerreaktion

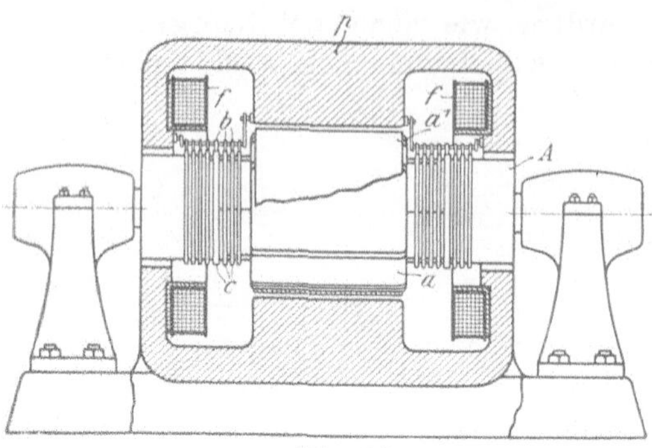

Fig. 58.

für sich in diesem Falle besonders ungünstig ausfällt, da das
Reaktionsfeld in der stählernen Bandage einen bequemen Weg findet.

Die besondere Aufmerksamkeit, die so hervorragende Elektriker, wie P. Steinmetz und E. Thomson, dem Verfahren zuwenden, durch die die Hysteresis und die Wirbelströme in den Unipolarmaschinen verringert werden, läßt vermuten, daß diese Erscheinung in den Maschinen von Noegerrath sich stark bemerkbar macht.

Veranlaßt durch das Bestreben, die Wirbelströme im Rotor ganz zu paralysieren und die Ankerrückwirkung durch eine Kompound-Wicklung aufzu-

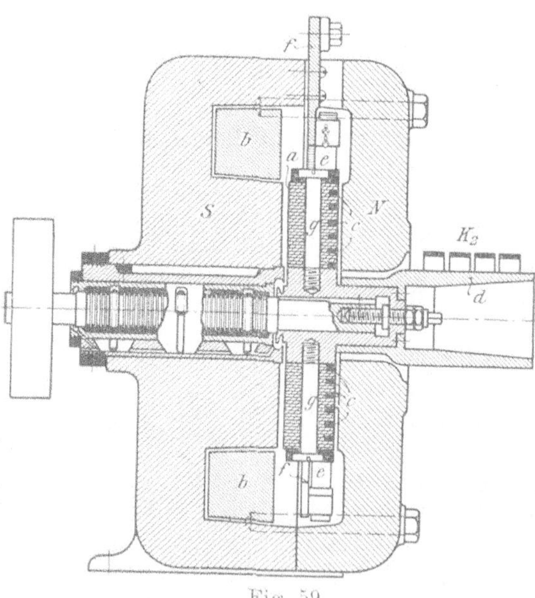

Fig. 59.

heben, hat der amerikanische Ingenieur Wait eine Konstruktion
von Unipolarmaschinen vorgeschlagen, die in Fig. 59 und 60 dargestellt ist.[1]

---

[1] Verhandlungen des Vereins zur Beförderung des Gewerbefleißes,
Heft 8, 1908.

Der Generator von Wait besitzt einen scheibenförmigen Anker; er besteht aus einem stählernen Bande a, das mit einem isolierenden Lack bestrichen ist und auf der Welle mit Schrauben g befestigt wird. Auf einer Seite dieses Ankers sind in spiralförmigen Nuten die der Induktion unterworfenen Leiter c untergebracht, deren Enden einerseits am Umfang des Rotors mit einem Ringe verbunden sind, der das ganze Ankereisen umgibt, und durch den die Schrauben g gehen.

Andererseits sind die Enden dieser spiralförmigen Leiter mit einer auf die Maschinenwelle aufgeschobenen Hülse verbunden. — Auf diese Weise wird die Welle und das Magnetgestell des Generators zu einem Pol der Maschine, während der auf dem Umfang des Rotors befindliche Ring den anderen Pol bildet. Auf diesem Ring schleift eine Reihe von Bürsten, die mit der Sammelschiene verbunden sind, durch die der Strom weiter zu Klemme K_1 geleitet wird.

Von der Maschinenwelle d wird der Strom mittels einer Reihe nebeneinander befindlicher Bürsten K_2 fortgeleitet. Da alle zur Erregung erforderlichen Amperewindungen in der Maschine von Wait nur von der einen Seite der Scheibe angeordnet sind, waren zur Vermeidung des Axialdruckes komplizierte Vorrichtungen erforderlich, nämlich ein Kammlager mit einer nicht ganz einfachen Vorrichtung zur Veränderung der Lage der Scheibe gegen die Magnetpole N und S.

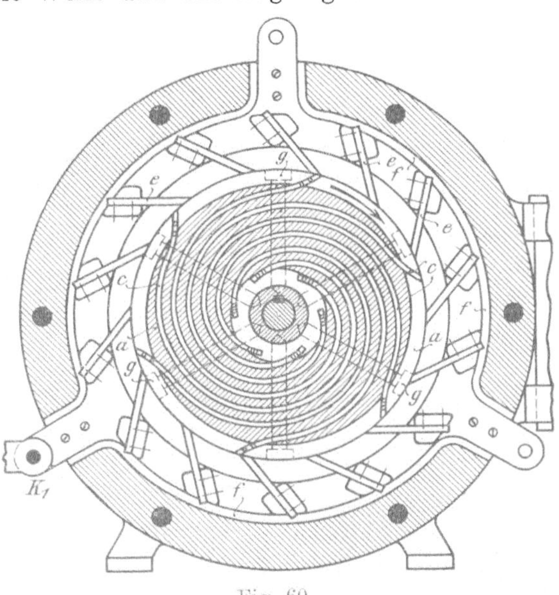

Fig. 60.

Die Kompoundierung wird dadurch hervorgebracht, daß die in den Rotorleitern induzierten Ströme längs Spiralen fließen. Hierbei müssen natürlich bei einer gegebenen Drehrichtung die Pole S und N so angeordnet werden, daß die im Rotor induzierten Ströme den magnetischen Flux verstärken, und nicht abschwächen.

Jedoch muß man bemerken, daß die Befestigung des Rotoreisens auf der Welle mit Hilfe der Schrauben G sehr unvollkommen

ist; die Maschine von Wait wird wohl kaum mit einer genügenden
Geschwindigkeit arbeiten können, um Strom für Beleuchtungszwecke
oder für Kraftübertragung zu liefern.

Im Laufe der letzten Jahre haben auch die am meisten ver-
breiteten, speziell elektrotechnischen Zeitschriften, wie die „Elektro-
technische Zeitschrift“, die „Zeitschrift für Elektrotechnik“ und die
aus derselben hervorgegangene „Elektrotechnik und Maschinen-
bau“, u. a. den Unipolarmaschinen immer mehr Aufmerksamkeit zu-
gewendet. Die Arbeiten von Seidener, O. Schulz und Dr. Pohl
können als Belege für diese Behauptung gelten. Schon im Jahre 1904
hat der Ingenieur Seidener darauf hingewiesen, daß in Verbindung
mit der Entwicklung der raschlaufenden Dampfturbinen die Frage

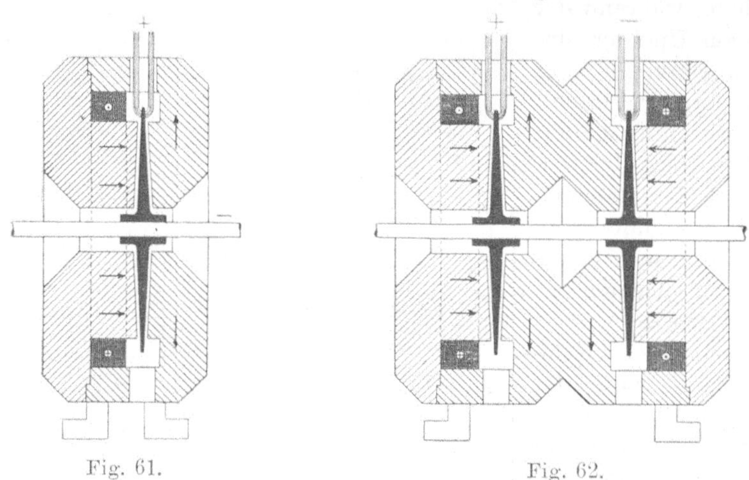

Fig. 61.   Fig. 62.

der Scheiben-Unipolarmaschinen, die bei den großen Geschwindigkeiten bequemer und auch leichter sind als Maschinen vom Trommeltypus, auf die Tagesordnung kommt.

Damals schlug Seidener die Konstruktion einer Unipolarmaschine sowie einer doppelten Maschine dieser Art vor, wie dieselben in Fig. 61 und 62 abgebildet sind. Die Scheiben dieser
Generatoren unterscheiden sich in bezug auf die mechanische Konstruktion wenig von den Scheiben der de Lavalschen und anderer
modernen Aktionsturbinen. — Dieser Umstand gibt Grund zu der
Ansicht, daß solche Scheiben auch in einem magnetischen Felde
mit sehr großer Geschwindigkeit rotieren können, wobei zwischen
dem Zentrum der Scheibe und ihrem Umfang eine EMK auftreten
würde. Allerdings müßte man zur Gewinnung einer praktisch
brauchbaren Spannung bei der beschränkten Länge des der Induktion
unterworfenen Leiters — im gegebenen Falle ist diese

Länge zirka gleich dem Radius der Scheibe — zu solchen linearen Geschwindigkeiten seine Zuflucht nehmen, die bisher noch nirgends verwendet worden sind; doch scheint die Verwirklichung dieser Idee keineswegs außerhalb des Bereiches der Möglichkeit zu liegen. Seitdem ein solches Material wie Nickelstahl auf dem Markte erschienen, kann man Scheiben für eine Umfangsgeschwindigkeit bis zu 400 m/sek herstellen. Bei $B = 17000$ und $l \backsimeq r = 40$ cm würde eine solche Geschwindigkeit ermöglichen, zwischen dem Zentrum und dem Umfang der Scheibe eine Spannung zu gewinnen, die

$$\text{gleich} \quad e = B \cdot l \cdot \frac{v}{2} \cdot 10^{-8} = \frac{17000 \cdot 40 \cdot 400}{2 \cdot 100000000} = 135 \text{ Volt ist.}$$

Als Geschwindigkeit ist $v/2$ angenommen, als die mittlere, die im Abstande $\frac{1}{2}$ vom Zentrum statt hat.

Die resultierende Spannung ist praktisch sehr gut verwendbar. besonders in Hinsicht darauf, daß die Glühlampen mit metallischen Glühfäden schon verursacht haben, daß elektrische Zentralen mit einer Spannnung von 2×50 Volt entstanden sind. Durch doppelte Ausführung einer Maschine nach Fig. 62 können wir leicht bei der obenerwähnten Geschwindigkeit und Abmessungen der Scheibe eine Spannung erzielen, die höher ist als die jetzt oft angewendete von 2×120 Volt.

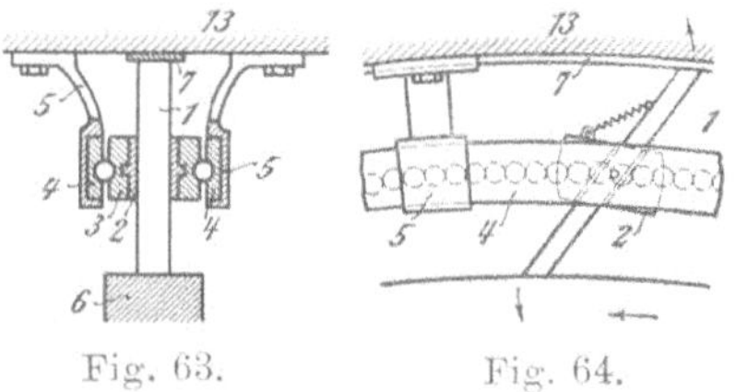

Fig. 63.　　　Fig. 64.

Bei der Beschreibung der raschlaufenden Unipolarmaschinen mit Turbinen bemerkt Seidener mit Recht, daß die Hauptschwierigkeit, die sich dem Konstrukteur in diesem Falle entgegenstellt, in der Herstellung eines guten Gleitkontaktes besteht, der bei so enormer Umfangsgeschwindigkeit nicht versagt.

Endlich hat im März 1909 der französische Ingenieur Esnault-Pelterie, nachdem er zu der Überzeugung gekommen war, daß Kontaktvorrichtungen zur Überleitung des Stromes von sich rasch bewegenden Oberflächen auf feststehende Leiter, bei Verwendung von feststehenden Bürsten, nur für Geschwindigkeiten bis zu 150 m/sek verwendbar sind, eine Vorrichtung patentieren lassen, die seiner Meinung nach es gestattet, Strom von induzierten Leitern abzunehmen, die sich mit einer größeren Geschwindigkeit als 150 m/sek bewegen.

Zu diesem Zwecke läßt Esnault-Pelterie die Bürste selbst rotieren. In den Fig. 63 und 64 ist eine solche Vorrichtung dargestellt. Mit der Ziffer 6 ist die Oberfläche des induzierten Leiters bezeichnet, von der der Strom abgenommen werden soll, mit 1 die Bürste, die sich mit einem Ende auf die Oberfläche 6 stützt und mit dem andern Ende den unbeweglichen Kontaktring 7 berührt, der isoliert an dem Maschinengestell 13 befestigt ist. Die Bürste 1 steckt in einer Hülse 2, die ihrerseits um eine gewisse Achse drehbar zwischen den Ringen 3 eingespannt ist. In diese Ringe 3 sind vertiefte Bahnen für Kugeln eingedreht, ebensolche Bahnen befinden sich auch in den feststehenden Ringen 4, die dieselbe Gestalt wie die Ringe 3 haben, nur sind sie starr an dem Maschinengestell mittels der Stützen 5 befestigt. Wenn nun der induzierte Körper 6 schnell rotiert, so wird die Bürste 1, die an die Oberflächen 6 und 7 durch eine Spiralfeder angedrückt wird, in der Richtung der Bewegung von 6 mitgenommen, nur bewegt sie sich mit einem gewissen Schlupf, da sie gemeinsam mit den Ringen 3 die rollende Reibung der Kugeln überwinden muß. Esnault-Pelterie nimmt an, daß die Bürste 1, falls die Reibung der beiden Enden gegen die Oberflächen 6 und 7 gleich ist, der Bewegung der Oberfläche 6 folgen wird, und zwar mit der Hälfte der Geschwindigkeit dieses Körpers. Folglich könnte man der Oberfläche 6, ohne die maximal zulässige Gleitgeschwindigkeit von 150 m/sek zu überschreiten, eine absolute lineare Geschwindigkeit von 300 m/sek verleihen. In diesem Falle würde sich die Bürste 1 mit der Hülse 2 und den Ringen 3 mit der für eine so komplizierte Einrichtung enormen Geschwindigkeit von 150 m/sek rotieren. In der Literatur sind vorläufig keine Angaben über den Verlauf der praktischen Arbeiten des genannten Ingenieurs mit seinem Stromabnehmer zu finden, doch ist es zweifelhaft, ob die Kugeln bei Geschwindigkeiten von 150 m/sek betriebssicher sind. In einem späteren Patent ersetzt Esnault-Pelterie die Bürste 1 durch Rollen, von denen eine, Fig. 65 und 66, an die induzierte Oberfläche 6, die andere an die Fläche des Gestells 13 angepreßt wird. Die Scharniere 8, auf denen sich die Rollen 10 befinden, sind auf dem Körper 13 befestigt, entsprechend der Hülse 2 und dem Ringe 3 in Fig. 63 und 64. Aus dem oben Gesagten, sowie auch aus den Zeichnungen 65 und 66 ersieht man, wie kompliziert und unpraktisch diese Vorrichtung ist.

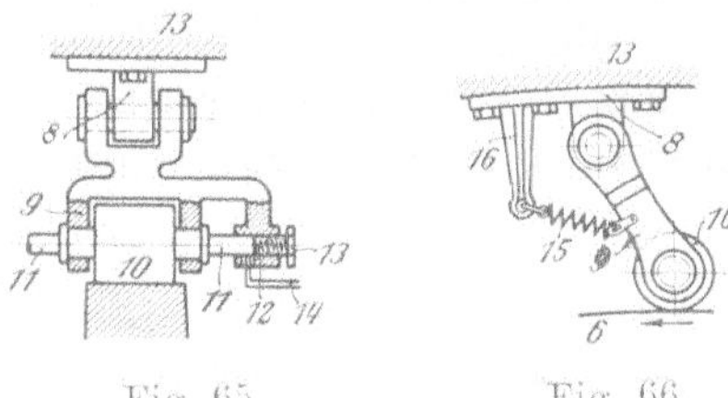

Fig. 65.   Fig. 66.

II. Die Untersuchung von Gleitkontakten bei sehr großen Geschwindigkeiten.

Schon vor dem Erscheinen der Arbeit von Seidener im Herbst 1904 in der „Zeitschrift für Elektrotechnik" kam der Verfasser dieser Abhandlung zu dem Schluß, daß die Lösung des Problems der raschlaufenden Unipolarmaschine von genügender Spannung hinausläuft auf die Konstruktion eines auch bei sehr großer Geschwindigkeit zuverlässigen Gleitkontaktes. Im Frühjahr 1904 wurden die ersten Versuche angestellt, deren Resultate zu einer Reihe neuer Experimente und Untersuchungen und dem D. R. P. Nr. 215218 des Verfassers endlich führten.

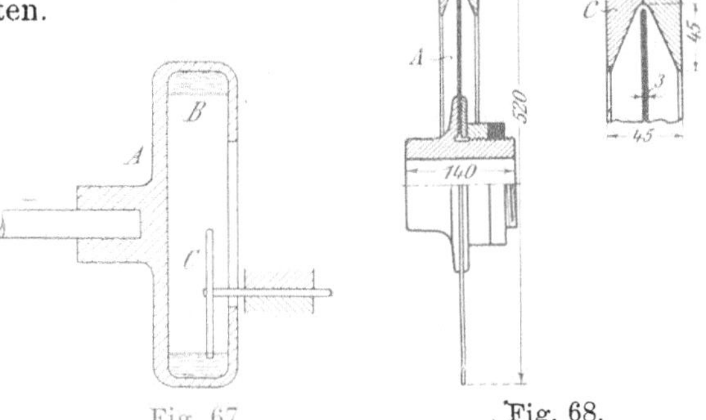

Fig. 67.   Fig. 68.

Obgleich die Idee eines Schleifkontaktes mit Quecksilber an und für sich nicht neu ist und von den älteren Konstruktionen die bekannte Barlowsche Scheibe mit einem unbeweglichen Quecksilberbehälter und weiter die Konstruktion eines Kontaktes, die von Nicola Tesla angegeben war (Fig. 67), und aus einer rotierenden Furche A mit Quecksilber B, in die eine kleine, auch rotierende Scheibe C eintauchte, bestand, zu nennen sind, dennoch war es dem Verfasser klar, daß alle diese und ähnliche Schleifvorrichtungen für größere Ströme und größere

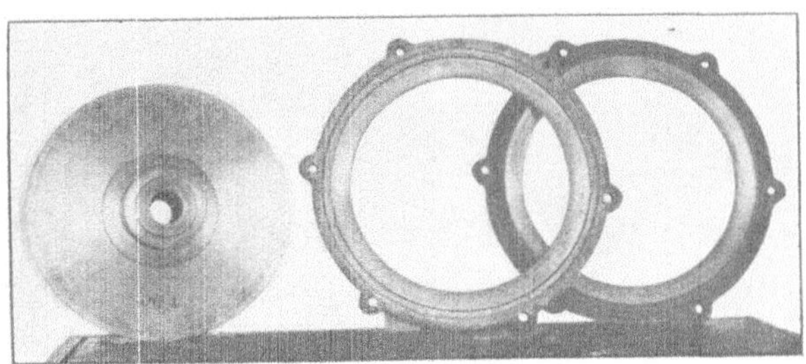

Fig. 69.

Geschwindigkeiten sich nicht eigneten. Deswegen wurden mehrere Konstruktionen eines raschlaufenden Quecksilber-Schleifkontaktes ausgeführt, die eine Schleifgeschwindigkeit von mindestens 80 m/sek hätten und stärkere Ströme leiten könnten.

Der erste Versuch wurde in folgender Weise vorgenommen (Fig. 68):

Die stählerne Scheibe A rotierte rasch in der Mulde B, die gebildet wurde durch zwei miteinander verschraubte Scheiben C und C

von entsprechender Form. Nachdem die Scheibe in Rotation versetzt war, wurde Quecksilber eingegossen, das als Kontakt zwischen der rotierenden Scheibe und der feststehenden Mulde dienen sollte. Es war beabsichtigt, daß das Quecksilber, von der Scheibe durch Reibung mitgerissen, durch die Einwirkung der Zentrifugalkraft sich über den ganzen inneren Umfang der Mulde verteilen und auf diese Weise den Kontakt längs der ganzen Peripherie vermitteln sollte.

In Fig. 68 ist der Querschnitt der beschriebenen Anordnung dargestellt, in Fig. 69 die Scheibe Nr. 1 und die Mulde in demontiertem Zustand.

Die Versuche mit dieser Anordnung haben jedoch keine zufriedenstellende Resultate ergeben. Das eingegossene Quecksilber kam in Bewegung, doch war die Reibung desselben an der Scheibe und an den Wandungen der Mulde so stark, daß es beinahe momentan auseinander spritzte und teilweise durch die Reibung so stark erwärmt wurde, daß es verdampfte. Das Verspritzen und die Verdampfung des Quecksilbers gingen so schnell vor sich, daß man diese Vorgänge nicht näher beobachten konnte; anfangs erklärte ich mir das Verschwinden des Quecksilbers ausschließlich durch mechanisches Auseinanderspritzen, und erst später wurde durch eine ganze Reihe von Versuchen festgestellt, daß sich das Quecksilber teilweise in Dampf verwandelte.

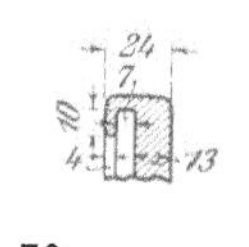
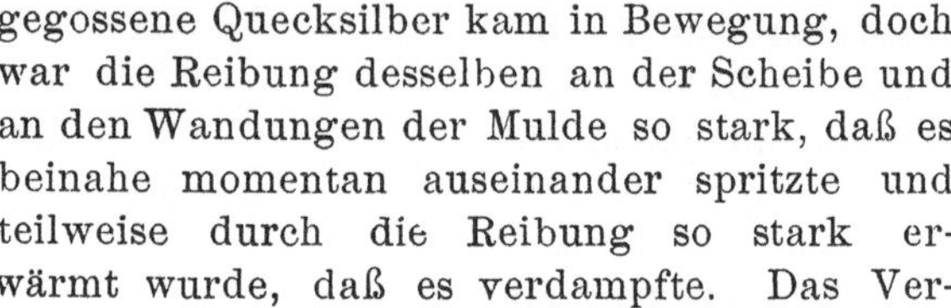

Fig. 70.

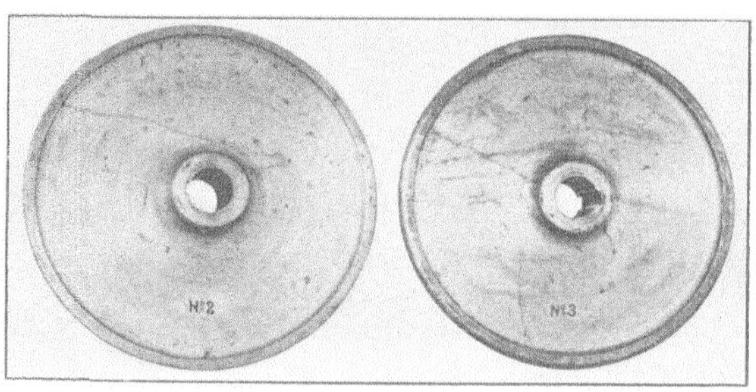

Fig. 71a.　　　　Fig. 71b.

Jedenfalls stand es von vornherein fest, daß die Reibung des Quecksilbers sowohl an den Wandungen der Mulde, als auch an der Scheibe so bedeutend war, daß auf diese Weise kein praktisch brauchbarer Kontakt erzielt werden konnte, beide Ursachen mußten auf das kleinste mögliche Maß beschränkt werden. Als einfachste Lösung dieser Aufgabe erschien es, daß man das Quecksilber mit der Scheibe rotieren ließ, und zwar in einer Furche, die in der Scheibe selbst angebracht war, in das Quecksilber wurde ein feststehendes Messer von geringen Dimensionen getaucht.

In dieser Richtung wurde eine erhebliche Anzahl Versuche und Beobachtungen angestellt, die sich um so schwieriger gestalteten, je höher man mit der linearen Geschwindigkcit des Gleitkontaktes ging.

Die erste Scheibe, in die eine Furche eingedreht wurde, war die Scheibe Nr. 2, die in Fig. 70 im Schnitt und in Fig. 71a in der Ansicht dargestellt ist. Die Versuche mit derselben wurden im Herbst und Winter 1904 und im Frühjahr 1905 angestellt; der Hauptzweck dieser Versuche war die Bestimmung der Faktoren, die auf das Zersprengen des Quecksilbers bei der Arbeit des Gleitkontaktes von Einfluß sind. Die Form der Furche in der Scheibe blieb hierbei unverändert, nur die Form der Messer wurde verändert wie aus den Fig. 1 und 2 der Fig. 72 zu ersehen ist.

Die Scheibe Nr. 2 bestand aus einfachem Stahl von einer Zugfestigkeit von 60 bis 80 kg pro qmm. Die Form

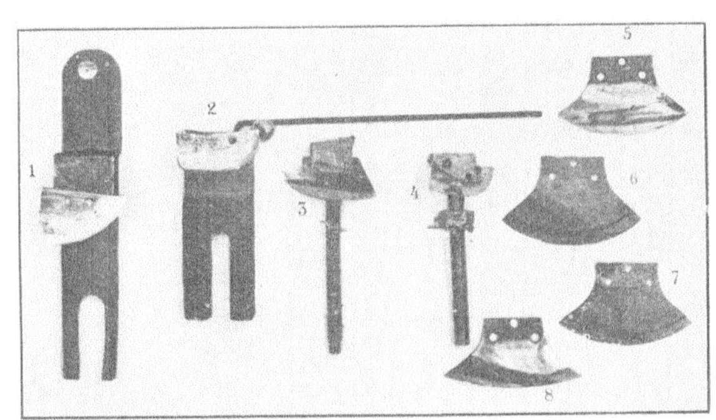

Fig. 72.

der Scheibe glich im allgemeinen der Scheibe von de Laval und gestattete die Umfangsgeschwindigkeit bis zu 200 m/sek zu steigern.

Die allgemeine Versuchsanordnung war folgende: die Scheibe wurde durch einen Elektromotor mittels Riemen in schnelle Rotation versetzt. Die Umdrehungszahl des Motors wurde während der Dauer jedes einzelnen Versuches konstant erhalten.

Das Quecksilber wurde in abgewogenen Mengen in die rotierende Scheibe gegossen und verteilte sich sofort über den ganzen Umfang, indem es mit an der Rotation der Scheibe teilnahm und das in die Furche gesenkte Messer bespülte. Nachdem der Kontakt zwischen Messer und Quecksilber hergestellt war, wurde Strom in das Messer geleitet; dieser Strom gelangte weiter in die Scheibe und wurde von der Achse der Scheibe mittels einfacher Metallbürsten abgenommen. Die Resultate dieser Versuche sind in den folgenden Tabellen angeführt.

Tabelle I.
Messer Nr. 1 (siehe Fig. 72).
Geschwindigkeit $\backsimeq$ 80 m/sek.

Nr.	Motor		Maschine					Bemerkungen
	J	E	Umdr. per Min.	J_s Strom im Schleifkontakte	Quecksilber eingegossen g	Quecksilber aufgesammelt g	Mittlerer stündl. Quecksilberverbrauch g	
1	20	100	3040	—	148	—	—	
2	20	100	3040	20	—	—	—	Ablesung jede 15 Min.
3	20	100	3050	20	—	—	—	Scheibe Nr. 2
4	20	100	3050	20	—	—	—	Messer Nr. 1
5	20	100	3050	20	—	—	—	
6	20	100	3050	20	—	—	—	
7	20	100	3050	20	—	—	—	
8	20	100	3050	20	—	—	—	
9	20	100	3060	20	—	—	—	
10	20	100	3050	20	90	—	—	
11	22	100	3050	22	—	—	—	
12	21	100	3050	21	—	—	—	
13	21	102	3050	21	—	—	—	
14	20	102	3050	20	—	—	—	
15	21	102	3050	21	56	—	—	
16	21	100	3050	21	—	—	—	
17	21	100	3050	21	—	—	—	
18	20	100	3060	20	84	—	—	
19	22	100	3050	22	—	—	—	
20	22	100	3050	22	—	142	47	

Aus diesen Tabellen ist ersichtlich, wie man es auch von vornherein erwarten konnte, daß das Verspritzen und das Verdampfen des Quecksilbers mit erhöhter Geschwindigkeit wächst.

Bei Vergleichung der Tabellen I und II finden wir, daß unter den gleichen Umständen der Verbrauch an Quecksilber bei der Arbeit mit dem Messer Nr. 2 größer war, was durch dessen längere Form seine Begründung findet. Bei dieser Form ist die Abmessung der mit dem Quecksilber in Berührung stehenden Oberfläche des Messers größer als bei dem Messer Nr. 1. Dieses hat zur Folge, daß die Reibung und hiermit auch die Erwärmung und die Verdampfung des Quecksilbers entsprechend größer werden. Bei den geringen Geschwindigkeiten $v = 80$ und $v = 100$ war die Erscheinung des Verdampfens, wegen dem guten Wärmeleitvermögen des Queck-

Tabelle I.
Geschwindigkeit $\simeq$ 100 m/sek.

Nr.	Motor		Maschine					Bemerkungen
	J	E	Umdr. per Min.	J_s Strom im Schleifkontakte	Quecksilber eingegossen g	Quecksilber aufgesammelt g	Mittlerer stündl. Quecksilberverbrauch g	
1	39	102	3825	39	160	—	—	
2	39	102	3820	39	—	—	—	Scheibe Nr. 2
3	38	102	3820	38	—	—	—	Messer Nr. 1
4	37	104	3820	37	—	—	—	
5	37	103	3820	37	—	—	—	
6	38	102	3820	38	—	—	—	
7	37	102	3825	37	—	—	—	
8	37	102	3825	37	—	—	—	
9	39	102	3820	39	90	—	—	
10	39	102	3820	39	—	—	—	
11	39	102	3820	39	—	—	—	
12	38	102	3820	38	—	—	—	
13	38	102	3825	38	—	—	—	
14	38	102	3825	38	—	—	—	
15	37	102	3825	37	—	—	—	
16	41	100	3820	41	124	—	—	
17	40	100	3820	40	—	—	—	
18	40	101	3820	40	—	—	—	
19	39	102	3825	39	—	—	—	
20	38	102	3825	38	—	103	54	

silbers nur unbedeutend und konnte nur konstatiert werden durch das Vergleichen des Gewichts des in die Furche eingegossenen Quecksilbers und des Gewichtes des sorgfältig gesammelten zerspritzten Quecksilbers.

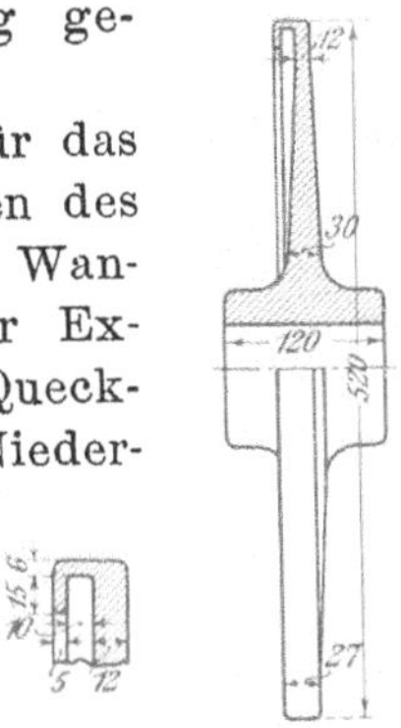

Außerdem konnte als zweifelloser Beweis für das durch das Auge nicht wahrnehmbare Verdampfen des Quecksilbers der Umstand gelten, daß auf den Wandungen der Gegenstände, die in der Nähe der Experimentiereinrichtung standen, das Kondensat der Quecksilberdämpfe sich in Gestalt von einem grauen Niederschlag befand, den man leicht mit einem Wattebäuschchen aufwischen und durch Ausdrücken desselben als Quecksilberkügelchen erhalten konnte. In der Annahme, daß der Hauptverlust des Quecksilbers durch das Verspritzen desselben

Fig. 73.

verursacht wird, habe ich die Scheibe Nr. 3 konstruiert, in der die Furche viel tiefer war, wie es aus Fig. 73 und der Ansicht dieser Scheibe in Fig. 71 b ersichtlich ist.

Tabelle II.
Messer Nr. 2. — Geschwindigkeit $\simeq$ 80 m/sek.

	Motor		Maschine					
Nr.	J	E	Umdr. per Min.	J_s Strom im Schleifkontakte	Quecksilber eingegossen g	Quecksilber aufgesammelt g	Mittlerer stündl. Quecksilberverbrauch g	Bemerkungen
1	33	100	3050	33	153	—	—	
2	33	100	3050	33	—	—	—	
3	32	100	3050	32	—	—	—	Scheibe Nr. 2
4	31	100	3060	31	—	—	—	Messer Nr. 2
5	33	100	3040	33	76	—	—	
6	33	109	3050	33	—	—	—	
7	32	102	3050	33	—	—	—	
8	32	102	3050	33	—	—	—	
9	33	102	3040	33	70	—	—	
10	33	102	3040	33	—	—	—	
11	33	102	3050	33	—	—	—	
12	32	102	3050	32	—	—	—	
13	33	102	3040	33	77	—	—	
14	33	102	3040	33	—	—	—	
15	32	102	3040	32	—	—	—	
16	32	102	3050	32	—	—	—	
17	33	102	3030	33	82	—	—	
18	33	102	3030	33	—	—	—	
19	33	102	3040	33	—	—	—	
20	33	102	3050	33	—	176	56	

Tabelle II.
Geschwindigkeit $\simeq$ 100 m/sek.

	Motor		Maschine					
Nr.	J	E	Umdr. per Min.	J_s Strom im Schleifkontakte	Quecksilber eingegossen g	Quecksilber aufgesammelt g	Mittlerer stündl. Quecksilberverbrauch g	Bemerkungen
1	60	100	3820	60	155	—	—	
2	60	100	3825	60	—	—	—	Scheibe Nr. 2
3	60	102	3830	60	—	—	—	Messer Nr. 2
4	58	102	3830	58	—	—	—	
5	60	102	3820	60	83	—	—	

Tabelle II.
Geschwindigkeit $\cong$ 100 m/sek.

Nr.	Motor		Maschine					Bemerkungen
	J	E	Umdr. per Min.	J_s Strom im Schleifkontakte	Quecksilber eingegossen g	Quecksilber aufgesammelt g	Mittlerer stündl. Quecksilberverbrauch g	
6	60	102	3820	60	—	—	—	
7	60	100	3820	60	—	—	—	
8	60	102	3830	60	—	—	—	
9	60	102	3820	60	80	—	—	
10	60	102	3820	60	—	—	—	
11	62	102	3800	62	—	—	—	
12	61	102	3820	61	84	—	—	
13	60	102	3830	60	—	—	—	
14	60	100	3825	60	—	—	—	
15	60	100	3830	60	—	—	—	
16	60	100	3820	60	95	—	—	
17	62	100	3825	62	—	—	—	
18	62	102	3830	62	—	—	—	
19	61	102	3820	61	—	—	—	
20	61	102	3830	61	—	176	64	

Die Resultate der Experimente mit Scheibe 3 und mit Messern von der Gestalt 1 und 2 sind in den Tabellen III und IV aufgeführt.

Tabelle III.

Nr.	Motor		Maschine					Bemerkungen
	J	E	Umdr. per Min.	J_s Strom im Schleifkontakt	Quecksilber eingegossen g	Quecksilber aufgesammelt g	Mittlerer stündl. Quecksilberverbrauch	
1	400	100	3820	40	160	—	—	Scheibe Nr. 3
2	39	102	3820	39	—	—	—	Messer Nr. 1
3	38	102	3825	38	—	—	—	
4	37	102	3830	37	—	—	—	
5	39	102	3825	39	90	—	—	
6	38	102	3830	38	—	—	—	
7	38	102	3830	38	—	—	—	
8	38	102	3840	38	—	—	—	
9	39	102	3820	39	90	—	—	
10	38	102	3820	38	—	—	—	
11	38	102	3830	39	—	—	—	
12	38	102	3840	38	—	—	—	
13	40	100	3820	40	92	—	—	
14	39	102	3820	39	—	—	—	
15	38	102	3830	38	—	—	—	
16	38	102	3835	38	—	210	55	

Tabelle IV.

Nr.	Motor		Maschine					Bemerkungen
	J	E	Umdr. per Min.	J_s Strom im Schleif-kontakt	Queck-silber ein-gegossen g	Queck-silber auf-gesam-melt g	Mittlerer stündl. Queck-silber-verbrauch	
1	70	101	4620	70	150	—	—	
2	70	100	4620	70	—	—	—	Scheibe Nr. 3
3	68	100	4610	68	—	—	—	Messer Nr. 2
4	71	102	4610	71	90	—	—	
5	70	102	4610	70	—	—	—	
6	69	102	4610	69	—	—	—	
7	69	101	4620	69	—	—	—	
8	70	101	4610	70	90	—	—	
9	70	102	4610	70	—	—	—	
10	68	102	4620	68	—	—	—	
11	66	102	4630	66	—	—	—	
12	71	102	4610	71	92	—	—	
13	70	102	4615	70	—	—	—	
14	70	102	4620	70	—	—	—	
15	68	102	4630	68	95	—	—	
16	71	102	4610	71	—	220	74	

Die in den Tabellen III und IV enthaltenen Angaben weisen daraufhin, daß die größere Tiefe der Furche in der Scheibe nicht den Erwartungen entsprechend den Verbrauch an Quecksilber verminderte, sondern das Gegenteil bewirkte — es wurde mehr Quecksilber verbraucht. Bei der Geschwindigkeit von $v = 120$ konnte man außerdem ziemlich deutlich beobachten, daß um die Maschine Quecksilberdämpfe in Form von leichtem Dunst sich befanden, auch machte sich in der Nähe der Maschine ein besonderer Geruch bemerkbar, der, wie es spätere Versuche zeigten, der Geruch von Quecksilberdämpfen war. Auf diese Weise gaben auch die letzten Versuche keinen Anhalt darüber, welchen Anteil die Verdampfung und das Verspritzen des Quecksilbers für sich bei dem Verbrauch des Quecksilbers haben, es wurde nur noch einmal festgestellt, daß mit erhöhter Geschwindigkeit der Gesamtverbrauch an Quecksilber stieg.

Von der Annahme ausgehend, daß das Verspritzen des Quecksilbers durch die Welle hervorgebracht wird, die beim Auftreffen des Quecksilbers auf das Messer entsteht, wobei dann eine Menge sehr feiner Tropfen sich über den Rand der Furche erheben und durch den starken Luftstrom, der entlang der Oberfläche der Scheibe vom Zentrum zum Umfang hinstreicht, mitgerissen werden, beschloß ich über das Quecksilber eine Ölschicht aufzubringen, das nach dem Quecksilber in die Furche eingegossen wurde und, da es leichter ist, das Quecksilber bedeckt. Man konnte erwarten, daß das Öl infolge seiner zäheren Konsistenz nicht in so feine Tropfen wie das Quecksilber zersprengt werden würde, sondern immer als zusammenhängende Fläche das Quecksilber bedecken und auf diese Weise ein Entweichen desselben wirksam verhindern würde. Außerdem könnte man erwarten, daß das Öl zur Schmierung des Messers dienen würde und dadurch die Reibung und folglich auch die Verdampfung des Quecksilbers vermindern könnte. Unter Verwendung eines Messers von der Form Nr. 2 wurden Versuche mit dem Aufgießen von Öl über das Quecksilber angestellt. Es wurden 160 g Quecksilber und darauf 30 cm³ Maschinenöl eingefüllt bei einer Geschwindigkeit von $v \simeq 100$ m/sek.

Während der ersten Zeit (ca. 10 bis 15 Minuten) schien es, als ob die Resultate die Erwartungen übertreffen würden, da der Verlust an Quecksilber weniger als die Hälfte betrug, doch fing bald die Rotationsgeschwindigkeit der Scheibe an sich zu vermindern, der Stromverbrauch des die Scheibe antreibenden Motors stieg bedeutend, so daß die Maschine zur Besichtigung angehalten werden mußte. Es stellte sich heraus, daß sich das Öl in der Furche ganz mit dem Quecksilber vermischt hatte und eine konsistente Quecksilbersalbe bildete, die der Bewegung des Messers einen sehr erheblichen Widerstand entgegensetzte. Diese Masse war sehr schmierig und klebrig, so daß es schwer war sie zu sammeln, sie wurde deshalb nach dem Versuch nicht gewogen.

Nachdem die Furche gereinigt war, wurde der Versuch wiederholt, jedoch bei einer Geschwindigkeit von 120 m/sek. Es wurden dieselben Quantitäten von Quecksilber und Öl eingegossen, aber schon nach einigen Minuten (3 bis 4) mußte der Versuch unterbrochen werden, da aus der Furche ein Qualm aufstieg und sich der Geruch von verbranntem Öl bemerkbar machte. Die Tatsache, daß das Öl zu brennen anfing, trotzdem eine Menge von die Wärme gut leitendem Quecksilber vorhanden war, bestätigte endgültig die Annahme, daß die Temperatur der Flüssigkeitsteilchen, die mit dem Messer bei diesen großen Geschwindigkeiten unmittelbar in Berührung kommen, eine sehr hohe sein muß. Es wurde ganz augenscheinlich, daß das Quecksilber bei der Berührung mit dem Messer direkt verdampft, außerdem wurde die ganze Menge des Quecksilbers in der Furche stark erwärmt. Nach Erkenntnis dieser Tatsachen mußte zur Einrichtung von einer künstlichen Kühlung des Kontaktes geschritten werden, da die natürliche Abkühlung durch die ventilierende Wirkung der Scheibe selbst ungenügend war. Zu diesem Zwecke wurde eine kontinuierliche Zuführung von Wassertropfen in die Furche der Scheibe durch den Trichter A (in Fig. 74) eingerichtet, die ganze Vorrichtung zur Untersuchung des Gleitkontaktes wurde mit einem Gehäuse aus starker Pappe umgeben, das an den Kanten mit Leinwand beklebt war. Aus diesem Gehäuse führten Röhren zu mechanischen Filtern, die aus stoffbespannten Rahmen bestanden. Diese Filter waren dazu bestimmt, um die sehr kleinen Quecksilbertröpfchen, die aus der Maschine durch den Luftstrom in die Filterkästen mitgerissen wurden, abzufangen, nachdem die Dämpfe von Wasser und Quecksilber beim Passieren der eisernen Röhren durch Abkühlung zur Kondensation gelangt waren. Die allgemeine Anordnung der oben beschriebenen Einrichtung ist in Fig. 74 schematisch dargestellt, eine Ansicht der Vorrichtung ist in Fig. 75 und 76 wiedergegeben.

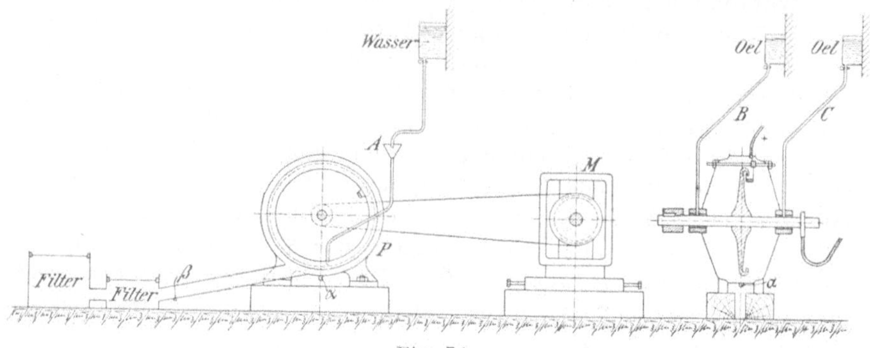

Fig. 74.

Gleichzeitig mit der Wasserkühlung des Quecksilbers wurde auch eine forcierte Schmierung der Lager durch Drucköl mittels der Röhren B und C in Fig. 74 und 75 eingerichtet. Das letztere erschien notwendig in Anbetracht des Umstandes, daß die Ringschmierung bei Geschwindigkeiten von mehr als 3500 Touren per Minute oft versagte.

Das Wasser gelangte tropfenweise durch den Trichter A in die Furche gleich hinter dem Messer (in der Drehrichtung der Scheibe gesehen), es wurde sofort in rotierende Bewegung versetzt und breitete sich wegen seines geringeren spezifischen Gewichtes als dünne Schicht über das Quecksilber aus. Da die Siedetemperatur des Wassers niedriger ist als die des Quecksilbers, konnte man erwarten, daß durch die Verdampfung des Wassers eine Abkühlung des Quecksilbers verursacht würde, was die Versuche auch vollauf bestätigt haben.

In der Tabelle V sind die Resultate dieser Versuche mit Messer von der Form Nr. 2 angeführt.

Tabelle V.

Nr.	Motor		Maschine						Bemerkungen
	J	E	Umdr. per Min.	t^0 Temper. im Filter	J_s Strom im Schleif-kontakt	Queck-silber einge-gossen g	Quecks. auf-gesam-melt g	Mittl. stündl. Quecks.-Ver-brauch	
1	70	102	4630	27	70	155	—	—	
2	70	102	4630	27	—	—	—	—	Scheibe Nr. 3
3	70	101	4630	27	70	—	—	—	Messer Nr. 2
4	68	101	4630	27	68	—	—	—	Wasser-kühlung!
5	70	101	4620	27	70	90	—	—	
6	70	102	4625	27	70	—	—	—	
7	69	102	4620	27,5	69	—	—	—	
8	68	102	4630	27,5	68	—	—	—	
9	71	102	4620	27,5	71	90	—	—	
10	70	102	4620	27,5	70	—	—	—	
11	70	101	4620	28	70	—	—	—	
12	69	101	4630	28	69	—	—	—	
13	71	101	4620	28	71	91	—	—	
14	71	102	4620	28	71	—	—	—	
15	69	102	4620	28	69	—	—	—	
16	68	102	4630	28,5	68	—	—	—	
17	71	102	4620	28,5	71	93	—	—	
18	70	102	4620	28,5	70	—	—	—	
19	68	102	4625	29	68	—	—	—	
20	68	102	4630	29	68	—	304	43	

Aus den oben angeführten Versuchen wurde es ersichtlich, daß ein großer Teil des versprengten Quecksilbers sich innig mit dem Wasser vermischte, diese „Emulsion" konnte man durch die Öffnung a (Fig. 74) am unteren Rande des Gehäuses P aus Pappe ablassen.

Dieses Gehäuse hatte vorher innen mehrere Anstriche von Ölfarbe erhalten. Ebenfalls konnte man die Emulsion durch die Öffnung B am unteren Ende des eisernen Rohres gewinnen, wo eine besondere Küvette D (Fig. 75) aufgestellt war. Die Emulsion hatte eine gleichmäßige graue Färbung, irgendwelche Teilchen von Quecksilber waren nicht zu bemerken. Ließ man diese Emulsion stehen, so sammelten sich am Boden des Gefäßes geringe Mengen von Quecksilber. Ebenso sammelten sich in der Küvette D eine beträchtliche Menge von reinem Quecksilber in der Form von kleinen

Kügelchen, das wieder direkt verwendet werden konnte. Dieses
Quecksilber, sowie das aus der Küvette unter dem Gehäuse wurde
nach jedem Versuche gewogen, um den Verlust am Quecksilber
genau ermitteln zu können. Das in der Emulsion verbleibende
Quecksilber wurde als verloren betrachtet, obwohl die Emulsion

Fig. 75.

gewöhnlich in das Gefäß zurückgegossen wurde, von wo das Kühlwasser oder das Gemisch von Wasser und Emulsion dem Trichter A
zugeführt wurde. Die große Menge der Emulsion und der erhebliche Verlust an Quecksilber, die bei der Arbeit mit der Scheibe
Nr. 3 auftraten, gaben Grund zu der Vermutung, daß die Flüssig-

Fig. 76.

keitsteilchen, die bei dem Auftreffen auf das Messer die Welle
bilden, einen Teil ihrer Zentrifugalbeschleunigung verlieren, von
der Kreisbahn abweichen und dadurch, sozusagen leichter werdend,
durch die ventilierende Luft aus der Furche herausgeblasen wurden.
Um die Vorgänge, die sich an den Messern abspielten, besser be-

obachten zu können, wurden in das Gehäuse einige durch Glasscheiben verschlossene Öffnungen gemacht. Das Innere des Gehäuses wurde durch elektrische Glühlampen erleuchtet. Durch diese Vorrichtung konnte man die fächerartige Ausbreitung der Flüssigkeit beobachten, die bei einer bestimmten Form der Messer, einer bestimmten Scheibe und einer gegebenen Geschwindigkeit ganz bestimmte Bahnen beschrieb. Man konnte auch beobachten, wie sich die Flüssigkeit in einer dünnen zusammenhängenden Schicht zu beiden Seiten des Messers emporhob. Nach dem Passieren des Messers wurde diese Schicht der Emulsion wie ein Segel vom Ventilationswinde

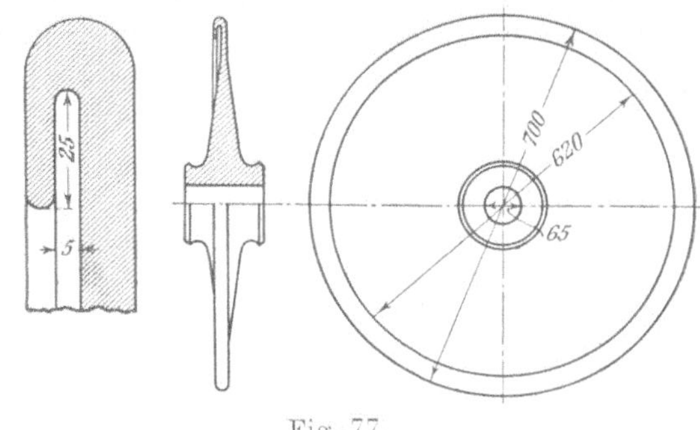

Fig. 77.

erfaßt, so daß die Flüssigkeit in ganz feinen Tropfen über den Rand der Furche geschleudert wurde. Es muß noch erwähnt werden, daß, sobald der Zufluß der abkühlenden Flüssigkeit aus irgendeinem Grunde abgestellt wurde, aus den Filtern sofort Quecksilberdämpfe aufstiegen, die verschwanden, wenn man wieder kühlende Flüssigkeit einströmen ließ.

Als nächste Aufgabe erschien es nun, solche Bedingungen zu schaffen, unter denen die Flüssigkeitsteilchen möglichst wenig von ihrer zentrifugalen Beschleunigung verlieren würden, oder die einmal verlorene Beschleunigung wiedergewinnen könnten. Zu diesem Zwecke wurde die Scheibe 4 konstruiert, die in Fig. 77 im Schnitt und in Fig. 78 in der Ansicht dargestellt ist.

Fig. 78.

Um mit noch größeren Geschwindigkeiten arbeiten zu können, wurde die Nabe der Scheibe noch mehr verstärkt, als es bei der Scheibe 3 der Fall war, die Furche wurde viel schmäler und tiefer gemacht, auf

Grund der Annahme, daß die Luft, die sich in der Furche mit enormer Geschwindigkeit bewegt (der Asynchronismus der Luft in der Furche ist in bezug auf die Scheibe nur sehr gering), die Flüssigkeitsteilchen, die, wie oben erwähnt, die Welle bilden und die Seiten des Messers mit einer dünnen Schicht bedecken, in die Rotationsbewegung mitreißen wird. Wenn nun die Flüssigkeitsteilchen, von dem rotierenden Luftwirbel mitgenommen, wieder an der Kreisbewegung teilnehmen, so gewinnen sie wieder an Zentrifugalbeschleunigung, die Welle wird einerseits nicht so hoch werden, andererseits wird die Flüssigkeit weniger an Zentrifugalbeschleunigung verlieren, so daß dieselbe mehr das Bestreben hat, sich wieder auf den Grund der Furche niederzulassen. — Gleichzeitig wurde auch die Form des Messerhalters verändert, da die langen und schwachen Schneiden bei den großen Geschwindigkeiten sich bogen und zu vibrieren begannen, wodurch das Verspritzen sehr verstärkt wurde. In der Tabelle VI sind die mit der Scheibe Nr. 4 und Messer Nr. 3 (siehe Fig. 72) erzielten Betriebsresultate angeführt, es wurde hierbei mit Wasser und Emulsion gekühlt.

Tabelle VI.

Nr.	Motor		Maschine						Bemerkungen
	J	E	Umdr. per Min.	t^0 Temper. im Filter	J_s Strom im Schleifkontakt	Quecks. eingegossen g	Quecks. aufges. g	Mittl. stündl. Quecks.-Verbrauch	
1	58	104	4860	32	58	150	—	—	
2	57	104	4860	32	57	—	—	—	Scheibe Nr. 4
3	57	104	4860	32	57	—	—	—	Messer Nr. 3
4	56	104	4870	32	56	—	—	—	
5	59	104	4860	32,5	59	91	—	—	
6	58	104	4860	32,5	58	—	—	—	
7	58	104	4870	32,5	58	—	—	—	
8	57	103	4870	33	57	—	—	—	
9	59	104	4860	33	59	94	—	—	
10	59	104	4870	33	59	—	—	—	
11	58	102	4860	33	59	—	—	—	
12	57	102	4870	33	57	—	—	—	
13	59	102	4860	33	59	88	—	—	
14	58	102	4860	34,5	58	—	—	—	
15	58	102	4870	34,5	58	—	—	—	
16	57	102	4870	34,5	57	—	—	—	
17	59	103	4860	35	59	92	—	—	
18	58	102	4860	35	58	—	—	—	
19	58	102	4870	35	58	—	—	—	
20	57	102	4870	35	57	—	312	40	

Da, wie aus den Angaben der Tabelle ersichtlich ist, die erzielten Resultate günstiger als die früheren sind, so kann man wohl folgern, daß die Annahmen, die als Grundlagen zur Konstruktion der Scheibe Nr. 4 gedient hatten, richtig sind.

In dem Bestreben, die günstige Wirkung des Windes auf die Welle noch mehr zu verstärken, wurde das Messer Nr. 4 konstruiert, bei dem der das Messer in einem Schlitz führende Halter teilweise in der Form von einem Schlittenvorderteil ausgebildet ist (die Flüssigkeit bewegt sich von links nach rechts). Man konnte annehmen, daß die Luft beim Auftreffen auf die schräge Fläche nach unten abgelenkt wird (in bezug auf Fig. 72 (4) und, die Flüssigkeit der Welle mitnehmend, dieselbe auf den Grund der Furche befördert wird. Tabelle VII enthält die Resultate der Prüfung dieses Messers Nr. 4 (Fig. 72) mit der Scheibe Nr. 4.

Tabelle VII.

Nr.	Motor		Maschine						Bemerkungen
	J	E	Umdr. per Min.	t^0 Temper. im Filter	Quecks. eingegossen g	Quecks. aufges. g	J_s Strom im Schleifkontakt	Mittl. stündl. Quecks.-Verbrauch	
1	56	104	4860	32	151	—	56	—	
2	56	104	4860	32	—	—	56	—	Scheibe Nr. 4
3	55	104	4860	32	—	—	55	—	Messer Nr. 4
4	55	104	4870	32	—	—	55	—	
5	56	104	4860	32	88	—	56	—	
6	56	104	4860	32	—	—	56	—	
7	55	104	4870	32	—	—	55	—	
8	54	104	4870	32	—	—	54	—	
9	58	104	4860	32,5	97	—	58	—	
10	56	104	4860	32.5	—	—	56	—	
11	56	105	4870	33	—	—	56	—	
12	55	104	4870	33	—	—	55	—	
13	59	102	4860	33	73	—	59	—	
14	58	102	4860	33	—	—	58	—	
15	57	102	4870	33,5	—	—	57	—	
16	56	102	4870	33,5	—	—	56	—	
17	57	104	4860	35	80	—	57	—	
18	56	104	4860	35	—	—	56	—	
19	55	104	4870	35	—	—	55	—	
20	55	104	4870	35	—	330	55	32	

Die in dieser Tabelle angeführten Resultate zeigen jedoch, daß trotz der verhältnismäßig geringen Stärke der Messerklinge — nur

1,25 mm —, die für die Verringerung des Verspritzens günstig ist, der Verlust an Quecksilber pro Stunde beinahe derselbe bleibt.

Von der Annahme ausgehend, daß je schmäler die Furche bei derselben Tiefe ist, desto stärker die Wirkung der Seitenwände der Furche auf die Luft (den Asynchronismus derselben) ist, konstruierte der Verfasser ein Messer, dessen Schneide dünn, dessen übriger Teil jedoch verhältnismäßig stark bemessen war, damit die Seitenflächen des Messers, an denen die Flüssigkeit in einer dünnen Schicht emporsteigt, möglichst nahe an die inneren Flächen der Furche herankommen, so daß von jeder Seite nur ca. 1,5 mm Spiel verblieb. Ein solches Messer ist in Fig. 72 unter Nr. 5 dargestellt. Wie aus dieser Figur hervorgeht, wird das Messer in diesem Falle an die Seitenflächen des Halters angeschraubt.

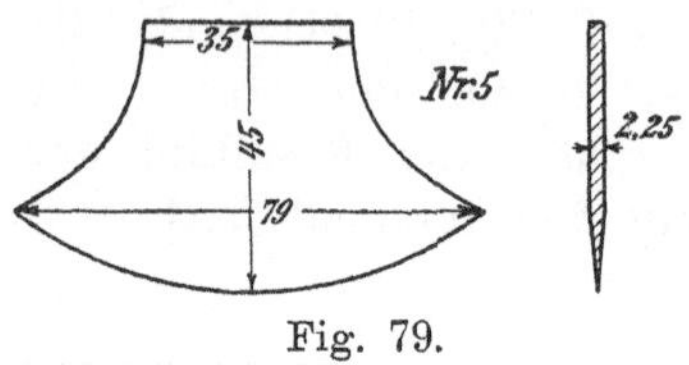

Fig. 79.

Der Halter geht nicht in die Furche hinein, sondern bleibt höher als die Kanten derselben. Der radiale Schnitt und Seitenansicht eines solchen Messers ist in Fig. 79 dargestellt.

Wie aus den Daten der Tabelle VIII ersichtlich ist, war der geringe Abstand zwischen dem Messer und der Wandung der Furche von sehr großem Einfluß auf den Umstand gewesen, daß die als Welle sich am Messer erhebende Flüssigkeit ihre Zentrifugalbeschleunigung beibehielt.

Wiederholte Versuche mit Messern der Form Nr. 5 ergaben die gleichen Resultate, wobei der Verlust an Quecksilber sogar bei sehr großer Geschwindigkeit — bis zu 6000 Umdrehungen per Minute — auf kurze Zeit (denn die Lager wurden bald warm) nicht wesentlich größer wurde.

Diese auf den ersten Blick paradoxe Erscheinung erklärt sich dadurch, daß ungeachtet der größeren Höhe der Welle bei größeren Geschwindigkeiten die Einwirkung der inneren Wandungen der Furche bei größeren Geschwindigkeiten, ebenfalls wächst infolgedessen verliert die sich als Welle erhebende Flüssigkeit weniger von ihrer zentrifugalen Beschleunigung.

Leider konnte man nicht einmal für eine kurze Zeit der Maschine eine höhere Geschwindigkeit als 6000 Umdrehungen per Minute erteilen, denn der die Maschine antreibende Riemen faßte die Riemenscheibe nicht mehr genügend und fing an stark zu gleiten.

Nachdem auf diese Weise die erforderliche Dicke des Messers gefunden war, mußte die Aufmerksamkeit auf den unteren Teil des Messers gelenkt werden. Durch Veränderung dieses Teiles

konnte man hoffen, den Verbrauch an Quecksilber noch mehr ein-
zuschränken.

Tabelle VIII.

Nr.	Motor		Maschine						Bemerkungen
	J	E	Umdr. per Min.	t^0 Temper. im Filter	J_s Strom im Schleifkontakt	Quecks. eingegossen g	Quecks. aufges. g	Mittl. stündl. Quecks.-Verbrauch	
1	57	104	4860	32	57	130	—	—	
2	56	104	4860	32	56	—	—	—	Scheibe Nr. 4
3	56	104	4860	32	56	—	—	—	Messer Nr. 5
4	56	102	4860	32	56	—	—	—	
5	57	104	4860	32,5	57	72	—	—	
6	56	104	4860	32,5	56	—	—	—	
7	55	104	4860	32,5	55	—	—	—	
8	55	104	4870	32,5	55	—	—	—	
9	57	104	4860	32,5	57	65	—	—	
10	56	104	4860	33	56	—	—	—	
11	56	104	4860	33	56	—	—	—	
12	55	104	4870	33	55	—	—	—	
13	57	104	4860	33	57	60	—	—	
14	57	102	4860	33	57	—	—	—	
15	56	102	4860	33,5	56	—	—	—	
16	56	104	4870	33,5	56	—	—	—	
17	56	104	4860	33,5	56	50	—	—	
18	55	104	4860	34	55	—	—	—	
19	55	104	4870	34,5	55	—	—	—	
20	54	104	4870	35	54	—	240	27	

Nachdem durch die oben beschriebenen Versuche die Tatsache
festgestellt war, daß die Teilchen der Flüssigkeit, die in Form
einer dünnen Schicht am Messer emporsteigen, ihre Zentrifugalbeschleunigung verlieren, lag der
Gedanke sehr nahe, diese nach oben
strebenden Flüssigkeitsteilchen vom
Messer zu entfernen und unter den
Einfluß der Luft zu bringen, damit
diese, die Teilchen mitreißend, ihnen
wieder neue Zentrifugalbeschleuni-

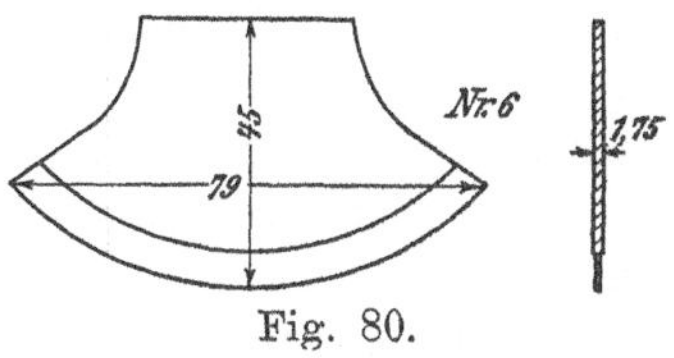

Fig. 80.

gung verleihen und sie dadurch wieder auf den Boden der
Furche befördern könnte. Auf Grund dieser Betrachtungen wurde
das Messer Nr. 6 hergestellt (Fig. 72), dessen Maße in Fig. 80 auf-
gegeben sind.

56   Die unipolare Gleichstrommaschine.

Die Resultate der Versuche mit diesem Messer sind in der
Tabelle IX angeführt.

Tabelle IX.

Nr.	Motor		Umdr. per Min.	Temperatur im Filter $t°$	Queck-silber ein-gegossen q_g	J_s Strom im Schleif-kontakt	Queck-silber auf-gesammelt q_g	Mittl. stündl. Quecksilber-verbrauch	Übergangs-widerstand des Schleif-kontakts Ω	Be-merkungen
	J	E								
1	49	108	4950	33	1·43	49	—	—	0,02	
2	48	108	4950	33	—	48	—	—	0,019	Scheibe Nr. 4
3	46	108	4950	34	—	46	—	—	0,02	Messer Nr. 6
4	46	108	4960	34	—	46	—	—	0,021	
5	49	109	4950	34	50	49	—	—	0,018	
6	48	108	4960	34	—	48	—	—	0,19	
7	46	108	4960	34	—	46	—	—	0,02	
8	45	108	4970	34,5	—	45	—	—	0,019	
9	47	108	4950	34,5	30	47	—	—	0,018	
10	47	106	4950	34,5	—	47	—	—	0,018	
11	46	106	4950	35	—	46	—	—	0,019	
12	46	106	4960	35	—	46	—	—	0,021	
13	47	108	4950	35	30	47	—	—	0,018	
14	47	108	4950	36	—	47	—	—	0,018	
15	46	108	4950	36	—	46	—	—	0,018	
16	46	108	4960	37	—	46	130	31	0,019	

Aus dieser Tabelle ersehen wir, daß der Verlust an Quecksilber bei dem Messer nach Fig. 72 (6) und von den in Fig. 80 an-
gegebenen Dimensionen erheblich höher ist, als bei dem Messer
nach Fig. 72 (5). Dieses kann seinen Grund haben in der geringen
Stärke des Messers (nur 1,75 mm) im oberen Teil der Furche.

Von der Annahme ausgehend, daß die Form der Schneide
prinzipiell richtig ist und daß eine Verstärkung des oberen Teils
der Klinge und Belassung einer Schneide von 1 mm Stärke gute
Resultate geben wird, habe ich das Messer Nr. 7 konstruiert
(Fig. 72), das sich vom Messer Nr. 6 nur durch die größere Stärke
des Oberteils — 2,25 statt 1,75 mm — unterscheidet. Die Ergebnisse der Versuche mit diesem Messer sind in der Tabelle Nr. X
angeführt.

In der Annahme, daß die Luft beim Auftreffen auf die stumpfe
Vorderseite des stärkeren Oberteils der Klinge nach oben abgelenkt
wird und so auf das Verspritzen einen ungünstigen Einfluß aus-
übt, habe ich das Messer Nr. 8 (Fig. 72) konstruiert, das sich
vom Messer Nr. 7 nur durch den scharfen Vorderteil unterscheidet.

Tabelle X.

| Nr. | Motor | | Maschine | | | | | | | Bemerkungen |
---	J	E	Umdr. per Min.	t^0 Temperatur im Filter	J_s Strom im Schleifkontakt	Quecksilber eingegossen g	Quecksilber aufgesammelt g	Mittl. stündl. Quecksilberverbrauch	Übergangswiderstand Ω des Schleifkontakts	
1	48	110	4960	33	48	140	—	—	0,018	
2	48	108	4960	33	48	—	—	—	0,016	Scheibe Nr. 4
3	48	108	4970	33,5	48	—	—	—	0,018	Messer Nr. 7
4	46	108	4960	33,5	46	—	—	—	0,019	
5	47	108	4960	33,5	47	30	—	—	0,015	
6	47	108	4960	34	47	—	—	—	0,016	
7	46	108	4970	34	46	—	—	—	0,018	
8	46	108	4970	34,5	46	—	—	—	0,018	
9	48	106	4960	34,5	48	20	—	—	0,014	
10	47	106	4960	35	47	—	—	—	0,016	
11	47	106	4960	35	47	—	—	—	0,017	
12	47	106	4970	35	47	—	—	—	0,019	
13	50	106	4960	36	50	22	—	—	0,015	Lager heiß
14	49	106	4960	37	49	—	—	—	0,016	
15	49	106	4960	38	49	—	—	—	0,017	
16	48	106	4970	38	48	—	—	—	0,018	
17	51	106	4960	38	51	20	—	—	0,015	
18	49	106	4960	38	49	—	—	—	0,016	
19	49	105	4960	38	49	—	—	—	0,018	
20	47	106	4970	38,5	47	—	130	20	0,018	

Eine allgemeine Seitenansicht dieses Messers und zwei Schnitte nach AB und CD sind in Fig. 81 dargestellt, die Maße aber sind für Messer Nr. 9 angegeben.

Die mit Messer Nr. 8 erzielten Resultate sind in der Tabelle Nr. XI aufgeführt.

Den so geringen Verlust an Quecksilber kann man dadurch erklären, daß ein Verspritzen fast gar nicht mehr stattfand. Das Innere des Gehäuses blieb während des

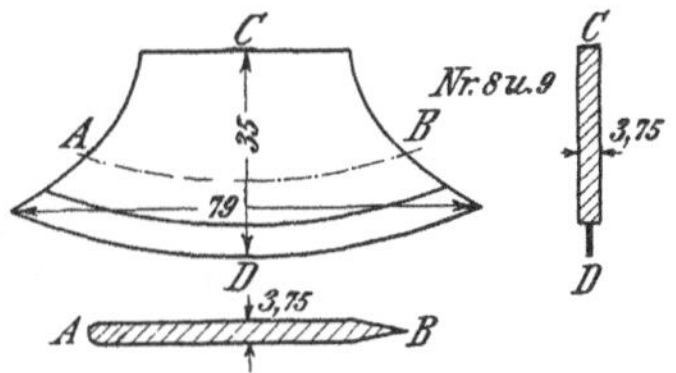

Fig. 81.

Versuches beinahe ganz trocken, die Abkühlung des Kontaktes wurde also nur durch das Verdampfen des Wassers hervorgebracht.

Um den Stoß der Luft noch mehr zu verringern und um die Einwirkung der Seitenflächen der Furche noch zu verstärken, wurde das Messer Nr. 9 konstruiert, das sich vom Messer Nr. 8 nur durch

den noch spitzeren Vorderteil und durch die größere Stärke des
Oberteils der Klinge unterscheidet, die aus einem Stahlblech von
3,75 mm Stärke hergestellt ist, die Schneide hat eine Stärke von
0,6 mm.

Tabelle XI.

| Nr. | Motor | | Maschine | | | | | | | Be-merkungen |
	J	E	Umdr. per Min.	t^0 Temperatur im Filter	J_s Strom im Schleifkontakt	Quecksilber eingegossen g	Quecksilber aufgesammelt g	Mittl. stündl. Quecksilberverbrauch	Übergangswiderstand des Schleifkontakts Ω	
1	50	108	4950	33	50	145	—	—	0,016	
2	49	108	4960	33	49	—	—	—	0,017	Scheibe Nr. 4
3	49	106	4960	33,5	49	—	—	—	0,017	Messer Nr. 8
4	48	106	4970	34	48	—	—	—	0,018	
5	49	108	4960	34	49	30	—	—	0,017	
6	49	106	4960	34	49	—	—	—	0,018	
7	48	106	4960	34,5	48	—	—	—	0,018	
8	47	108	4970	35	47	—	—	—	0,018	
9	48	108	4960	35	48	21	—	—	0,017	
10	48	108	4960	35,5	48	—	—	—	0,017	
11	47	108	4970	36	47	—	—	—	0,018	
12	47	108	4970	36	47	—	—	—	0,019	
13	49	107	4960	36	49	18	—	—	0,017	
14	48	107	4960	36,5	48	—	—	—	0,018	
15	48	108	4970	37	48	—	—	—	0,019	
16	47	108	4970	38	47	—	—	—	0,019	
17	48	108	4960	38,5	48	20	—	—	0,018	
18	48	108	4960	38,5	48	—	—	—	0,018	
19	47	107	4960	38	47	—	—	—	0,018	
20	47	107	4960	38	47	—	141	18	0,018	

Um eine weitere Verringerung des Quecksilberverlustes zu erzielen, wurde versucht, die Temperatur des das Quecksilber be-
deckenden Wassers unmittelbar vor dem Messer möglichst niedrig
zu halten. Zu diesem Zwecke wurde der Zufluß des Wassers in
die Furche nicht hinter dem Messer, wie früher, sondern vor dem
Messer angeordnet.

Auf diese Weise wurde erzielt, daß die Temperatur des Kühl-
wassers unmittelbar am Messer niedriger war als an den anderen
Stellen, die Abkühlung des Messers war also so günstig wie möglich. Die an diesen Umstand geknüpften Erwartungen haben sich
vollauf bestätigt, wie aus der Tabelle XII zu ersehen ist, in der
die Resultate der Versuche mit dem Messer Nr. 9 angeführt sind,

wobei jedoch das Wasser in die Furche ca. 3 bis 5 cm vor der Spitze des Messers zugeführt wurde.

Tabelle XII.

Nr.	Motor		Maschine							Be-merkungen
	J	E	Umdr. per Min.	t^0 Temperatur im Filter	J, Strom im Schleifkontakt	Queck-silber aufgesammelt g	Queck-silber ein-gegossen g	Mittl. stündl. Quecksilber-verbrauch	Übergangs-widerstand des Schleif-kontakts Ω	
1	49	107	4950	32	49	—	140	—	0,015	
2	49	107	4950	32	49	—	—	—	0,016	Scheibe Nr. 4
3	48	107	4960	33,5	48	—	—	—	0,017	Messer Nr. 9
4	48	106	4970	34	48	—	—	—	0,017	
5	50	104	4960	34	50	—	31	—	0,016	
6	48	106	4960	34	48	—	—	—	0,016	
7	48	106	4970	34,5	48	—	—	—	0,018	
8	47	107	4970	34,5	47	—	—	—	0,018	
9	49	107	4960	35	49	—	20	—	0,016	
10	49	107	4960	35	49	—	—	—	0,017	
11	47	107	4970	35,5	47	—	—	—	0,018	
12	47	107	4970	35,5	47	—	—	—	0,018	
13	49	106	4960	36	49	—	21	—	0,016	
14	49	106	4960	36	49	—	—	—	0,016	
15	48	106	4960	36	48	—	—	—	0,017	
16	48	106	4960	36,5	48	—	—	—	0,017	
17	49	107	4960	36,5	49	—	15	—	0,016	
18	48	107	4960	37	48	—	—	—	0,017	
19	48	107	4970	37	48	—	—	—	0,018	
20	48	107	4970	38	48	143	—	16	0,017	

Diese Ergebnisse, die auch bei Wiederholung des Versuches ohne Veränderung blieben, erweisen zur Genüge, wie wichtig es ist, daß der Abstand der Seitenflächen der Furche von dem Oberteil des Messers möglichst gering ist.

Bei Wiederholung der Versuche wurden dieselben Resultate erzielt.

Weiter wurden Versuche angestellt mit einem Messer Nr. 10, dessen Schneide schwächer war, während die Stärke des oberen Teils dieselbe blieb. Man konnte vermuten, daß, je dünner die Schneide des Messers gemacht wurde, desto kleiner auch die durch das Messer verursachte Welle ausfallen würde infolge des geringeren Widerstandes, den das Quecksilber dem Messer entgegensetzt. In der Tabelle XIII sind die Resultate angeführt, die sich bei dem Arbeiten mit dem Messer ergaben, dessen Schneide 0,4 mm stark war, während der stärkere Teil der Klinge eine Dicke von 3,8 mm besaß.

In der mit „t_1" bezeichneten Spalte dieser Tabelle ist die Lufttemperatur im Innern des Gehäuses angegeben. Wie es sich später herausgestellt hat, konnte man auf Grund dieser Temperatur mit voller Genauigkeit beurteilen, ob die Wasserkühlung genügend ist. Jedesmal, wenn der Wasservorrat im Reservoir, aus dem das Wasser in den Trichter A tropfte, gering wurde und deshalb die Anzahl Tropfen pro Minute entsprechend kleiner wurde, stieg sofort die Temperatur im Innern des Gehäuses.

Tabelle XIII.

Nr.	Motor J	E	Umdr. per Min.	$t_1°$ Temperat. in der Masch.	$t°$ Temperat. im Filter	J_s Strom im Schleifkontakte	Queck-silber ein-gegossen (g)	Quecksilb. aufge-sammelt (g)	Mittl. stündl. Quecksilber-Verbrauch	Übergangs-widerst. des Schleifkont.	Be-merkungen
1	59	107	5000	30	29	59	105	—	—	0,009	
2	56	110	5030	30	29	56	—	—	—	0,01	Scheibe Nr. 4
3	55	115	5030	31	29,5	55	—	—	—	0,01	Messer Nr. 10
4	55	115	5030	31	30	55	—	—	—	0,016	
5	59	115	5000	32	30	59	30	—	—	0,01	
6	59	115	5000	32	30	59	—	—	—	0,01	
7	57	120	5030	33	31	57	—	—	—	0,018	
8	57	120	5030	33	31	57	—	—	—	0,019	
9	58	120	5000	33	32	58	20	—	—	0,01	
10	58	110	5000	33	32	58	—	—	—	0,01	
11	58	110	5030	34	32	58	—	—	—	0,017	
12	57	110	5020	34	32	57	—	—	—	0,018	
13	58	110	5000	34	32	58	17	—	—	0,01	
14	58	110	5000	34	32	58	—	—	—	0,013	
15	58	110	5020	35	33	58	—	—	—	0,013	Wasser mehr
16	55	120	5020	32	30	55	—	—	—	0,016	
17	58	120	5000	32	30	58	18	—	—	0,01	
18	58	120	5000	32	30	58	—	—	—	0,01	
19	57	120	5000	32	30	57	—	—	—	0,013	
20	58	115	5020	32	30	58	—	118	14	0,013	

Da es einerseits gefährlich war, die Schneide noch dünner zu machen, denn sie fing bereits an sich zu werfen und andererseits der Zwischenraum zwischen den Seitenflächen des Messers und der Furche auch nicht geringer gemacht werden konnte, denn es blieben von jeder Seite nur 0,6 mm, so kann man annehmen, daß die Form des Messers Nr. 10 am besten zu der Furche in der Scheibe Nr. 4

paßt. Die weiteren Versuche dienten nur zur Feststellung der maximalen Stromstärke, die man durch das Messer senden kann. Das Schema der Versuchsanordnung ist in Fig. 82 dargestellt.

Durch Schließen von Schalter 1 und 2 wurde der Motor in Gang gesetzt, Schalter 3 blieb offen. Der Anlaßwiderstand ist auf dem Schema der Übersichtlichkeit wegen weggelassen. Nachdem die Geschwindigkeit des Motors durch Regulieren des Widerstandes RW auf das erforderliche Maß gebracht war, wurde der Kontakt zwischen der Scheibe S und dem Messer S_1 durch Öffnen des Schalters 2 hergestellt, so daß der zur Speisung des Motors dienende Strom durch den zu prüfenden Kontakt passieren mußte. Dieser Strom wurde durch das Amperemeter A gemessen. Nach Schließen von Schalter 3 ging durch den Kontakt zwischen Messer und Scheibe außer dem Motorstrom auch der Strom, der durch den Widerstand BW fließt. Mit Hilfe dieser Anordnung ist es gelungen, durch das Messer einen Strom bis zu 400 Amp.

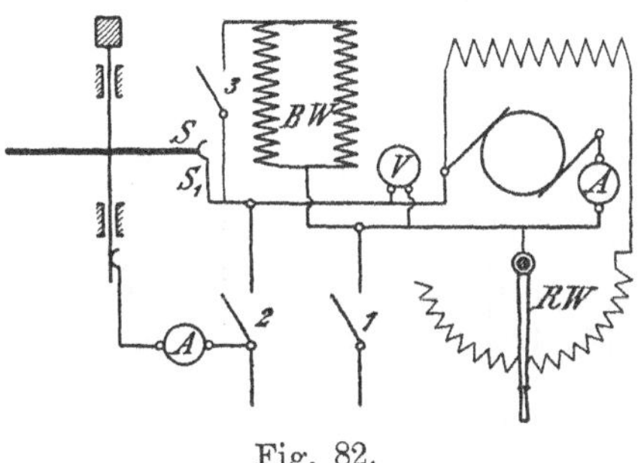

Fig. 82.

Stärke zu senden. Allerdings konnte in Anbetracht der Unzulänglichkeit der Leitungen in unserem Laboratorium ein so starker Strom nicht für lange Dauer angewandt werden, doch beweist der Umstand, daß ein solcher Strom länger als eine halbe Stunde durch das Messer floß, zur Genüge, daß dieser Strom das Messer nicht überlastet, und daß bei der enormen Ventilationswirkung der Luft und der Abkühlung durch Wasser die Joulesche Wärme keine Rolle spielt, man hat nur mit der durch die Reibung des Messers im Quecksilber entstehende Wärme zu rechnen.

Sehr bezeichnend war der Umstand, daß der Messerhalter innerhalb der Verkleidung der Maschine, wo er von der durch die Scheibe bewegten Luft sehr energisch gekühlt wurde, ganz kalt blieb, außerhalb der Pappverkleidung aber, wo der Halter von der ruhenden atmosphärischen Luft umgeben war, wurde er durch den Strom merklich erwärmt (Joulesche Wärme).

Die Resultate dieser Versuche sind in der Tabelle XIV angeführt.

Damit war die experimentielle Untersuchung des gekühlten raschlaufenden Gleitkontaktes abgeschlossen, es wurde weiter zur theoretischen Bearbeitung der aus dem Versuch gewonnenen Resultate geschritten, auch wurde der Bau einer zu Experimenten bestimmten unipolaren Dynamo von 80 KW Leistung in Angriff genommen, die mit dem obenbeschriebenen gekühlten Gleitkontakt versehen ist.

Tabelle XIV.

Nr.	Motor		Umdr. per Min.	$t_1°$ Temperat. in der Masch.	$t°$ Temperat. im Filter	Übergangswiderst. des Schleifkont.	J_s Strom im Schleifkontakte	Quecksilber eingegossen g	Quecksilb. aufgesammelt g	Mittl. stündl. Quecksilber. Verbrauch	Bemerkungen
	J	E									
1	50	120	5000	29	28	0,01	50	160	—	—	
2	50	120	5020	29	28	0,01	180	—	—	—	Scheibe Nr. 4
3	56	110	5030	32	31	0,02	135	—	—	—	Messer Nr. 10
4	60	100	5000	32	31	0,03	400	—	—	—	
5	60	100	5000	32	31	0,03	400	—	—	—	Sicherung gesch.
6	—	—	—	—	—	—	—	—	—	—	
7	56	105	5000	32	31	0,03	330	92	—	—	
8	50	120	5030	32	31	0,02	90	—	—	—	
9	50	120	5020	32	31	0,02	323	—	—	—	
10	50	120	5020	30	29	0,02	295	40	—	—	Mehr Wasser
11	50	120	5030	30	29	0,01	50	—	—	—	Widerst. Sicherung gesch.
12	50	120	5020	30	29	0,01	305	35	—	—	
13	57	110	5020	41	35	0,02	260	—	—	—	
14	55	115	5020	43	37	0,03	260	—	—	—	
15	55	120	5020	39	35	0,02	260	70	343	~ 15	

III. Theorie des raschlaufenden gekühlten Schleifkontaktes.

Die Frage der Stromabnahme von schnell rotierenden Oberflächen ist bei der Konstruktion von Unipolarmaschinen von ausschlaggebender Bedeutung. Alle Bemühungen der Konstrukteure und Erfinder sind hauptsächlich auf diesen Punkt gerichtet und erschien es deshalb notwendig, die von dem Verfasser vorgeschlagene und praktisch erprobte Konstruktion eines Stromabnehmers auch vom hydrodynamischen Standpunkt aus eingehend zu prüfen. Dieses war um so mehr erforderlich, als bei den enormen relativen Geschwindigkeiten zwischen dem beweglichen und dem unbeweglichen Teil der Stromabnahmevorrichtung die unmittelbare Beobachtung durch das Auge nicht mehr die Möglichkeit gab, eine klare Vorstellung zu gewinnen über die Vorgänge, die bei der Bewegung des Messers durch die Flüssigkeit entstehen.

Eine mathematische Analyse der Erscheinung konnte nur nach Zulassung einiger Toleranz durchgeführt werden, und zwar daß:

1. bei verhältnismäßig kleiner Breite des Messers und großen Abmessungen der Scheibe man die durch das Messer geschnittene Oberfläche der Flüssigkeit als eine ebene Fläche ansehen kann, unter der Bedingung, daß die Masse der Flüssigkeit einer zentrifugalen Beschleunigung von $g = \dfrac{v^2}{r}$ unterworfen ist;

2. die Richtung dieser Beschleunigung auf der ganzen Länge des Messers als parallel erscheint und in radialer Richtung vom Zentrum zur Mitte des Messers verläuft;

3. die Beschleunigung durch die Schwerkraft, die im Vergleich zu der Zentrifugalkraft verschwindend klein ist, gleich Null angenommen werden kann. Legen wir diese Annahme zugrunde, so erscheint die Bewegung des Messers in der Flüssigkeit analog mit der Bewegung eines Schiffes in einem Kanal von unbedeutender Tiefe, nur mit dem Unterschied, daß bei der Bewegung des Schiffes im Kanal das Wasser der Einwirkung der Schwere unterworfen ist, in unserem Falle jedoch die Flüssigkeit in der Furche nur von der Beschleunigung durch die Zentrifugalkraft $m\dfrac{v^2}{r}$ beeinflußt wird.

Die Berechnung der Deformation des ebenen Wasserspiegels durch ein Schiff wurde von Professor N. E. Shukowski im Jahre 1907 formuliert und gelöst. Die Berechnung der Deformation der Oberfläche einer rotierenden Flüssigkeit durch ein im Raum feststehendes Messer kann folgendermaßen formuliert werden: Wir nehmen an, daß die Tiefe h, auf die das Messer unter die nicht deformierte Oberfläche der Flüssigkeit eintaucht, gleich der Tiefe der Flüssigkeit selbst ist (das Messer reicht bis zu dem Grunde der Furche, aber bewegt sich ohne Reibung auf demselben), und daß das Messer einen zylindrischen Längsschnitt besitzt, der symmetrisch ist in bezug auf eine bestimmte Ebene, die durch Bug und Heck des Messers geht, — wir suchen die Glei-

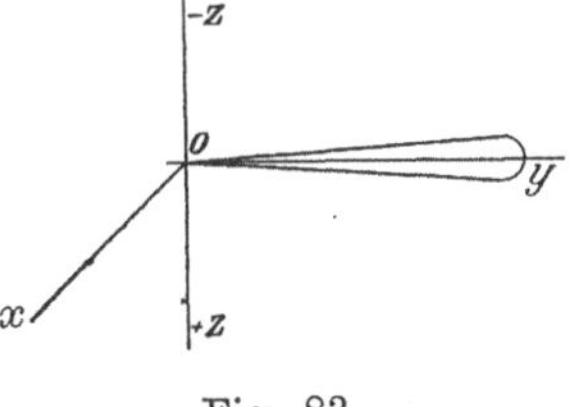

Fig. 83.

chung der freien Oberfläche der Flüssigkeit zu bestimmen, deformiert durch die Bewegung des Messers. Wir denken uns die Fläche XOY (Fig. 83) so auf die Oberfläche der nicht deformierten Oberfläche gelegt, daß die Achse OY mit der Symmetrieachse des Messers zusammenfällt, desgleichen mit der Richtung der Geschwindigkeit der sich bewegenden Flüssigkeit; die Achse OZ denken wir uns vertikal nach unten gerichtet. Die Flüssigkeitsteilchen, die auf das Messer auftreffen, besitzen Geschwindigkeiten, deren Komponenten folgende Größen sind:

$$\text{nach der Achse } X\ldots u$$
$$\text{\textquotedblright \quad \textquotedblright \quad \textquotedblright} \quad Y\ldots v = v^1 + V$$
$$\text{\textquotedblright \quad \textquotedblright \quad \textquotedblright} \quad Z\ldots w$$

u, v^1 und w sind kleine Größen.

Die Gleichung der gestörten freien Oberfläche lautet

$$z = \zeta \,,$$

wo ζ eine kleine Größe ist und eine Funktion von x und y. Wir wählen für ζ solche Werte, die den Gleichungen der Hydrodynamik für nicht komprimierbare Flüssigkeiten genügen.

Für den Beharrungszustand, wenn

$$\frac{\partial u}{\partial t} = 0; \qquad \frac{\partial v}{\partial t} = 0; \qquad \frac{\partial w}{\partial t} = 0 \quad . \quad . \quad (1)$$

nimmt die Eulersche Gleichung der Hydrodynamik folgende Gestalt an:

$$\left. \begin{array}{l} u \cdot \dfrac{\partial u}{\partial x} + v \dfrac{\partial u}{\partial y} + w \dfrac{\partial u}{\partial z} = X - \dfrac{1}{\varrho} \dfrac{\partial p}{\partial x} \\[2ex] u \cdot \dfrac{\partial v}{\partial x} + v \dfrac{\partial v}{\partial y} + w \dfrac{\partial v}{\partial z} = Y - \dfrac{1}{\varrho} \dfrac{\partial p}{\partial y} \\[2ex] u \cdot \dfrac{\partial w}{\partial x} + v \dfrac{\partial w}{\partial y} + w \dfrac{\partial w}{\partial z} = Z - \dfrac{1}{\varrho} \dfrac{\partial p}{\partial z} \end{array} \right\} \quad . \quad . \quad . \quad . \quad (2)$$

Wenn die Flüssigkeit sich unter dem Einfluß einer Kraft befindet, die nur längs der Z-Achse gerichtet ist und die Beschleunigung dieser Kraft $= g$ ist, so ist:

$$X = 0; \qquad Y = 0; \qquad Z = g \, . \quad . \quad . \quad . \quad (3)$$

Für den Beharrungszustand können die Geschwindigkeiten längs den Achsen X, Y und Z, wenn die Flüssigkeit sich längs der Achse Y mit der Geschwindigkeit V bewegt, in der schon obenbezeichneten Weise wie folgt ausgedrückt werden:

$$\text{längs der Achse } X\ldots u \text{ sehr gering,}$$
$$\text{\textquotedblright \quad \textquotedblright \quad \textquotedblright} \quad Y\ldots v = v^1 + V, \text{ wo } v^1 \text{ eine sehr kleine}$$
$$\text{Größe ist,}$$
$$\text{\textquotedblright \quad \textquotedblright \quad \textquotedblright} \quad Z\ldots w \text{ sehr gering.}$$

Hierbei nimmt der Ausdruck $v\dfrac{\partial v}{\partial y}$ folgende Gestalt an:

$$v\frac{\partial v}{\partial y} = (v^{1} + V)\frac{\partial}{\partial y}(v^{1} + V) = (v^{1} + V)\frac{\partial v^{1}}{\partial y}. \quad . \quad . \quad (4)$$

Setzen wir Gl. 3 und 4 in die Gleichung von Euler ein und lassen wir die Größen zweiter Ordnung fort, so finden wir für die nicht komprimierbare Flüssigkeit

$$\left.\begin{array}{ll} V\dfrac{\partial u}{\partial y} = -\dfrac{1}{\varrho}\dfrac{\partial p}{\partial x}\ldots(a) & \\[2mm] V\dfrac{\partial v^{1}}{\partial y} = -\dfrac{1}{\varrho}\dfrac{\partial p}{\partial y}\ldots(b) \qquad \dfrac{\partial u}{\partial x} + \dfrac{\partial v^{1}}{\partial y} + \dfrac{\partial w}{\partial z} = 0\ldots(d) \\[2mm] V\dfrac{\partial w}{\partial y} = +g - \dfrac{1}{\varrho}\dfrac{\partial p}{\partial z}\ldots(c) \end{array}\right\} \quad . \quad (5)$$

Wir nehmen die bekannte Formel der Hydrostatik

$$p = p_0 + \varrho\,(U - U_0) \quad . \quad . \quad . \quad . \quad . \quad (6)$$

Diese Gleichung bestimmt die Größe des Druckes an jeder Stelle der Flüssigkeit. Gleichzeitig bestimmt diese Gleichung die Oberflächen des Wasserspiegels. Da auch die freie Oberfläche eine dieser Flächen ist, so finden wir dieselbe, indem wir in der Formel 6 $p = p_0$ setzen. Wir erhalten:

$$U - U_0 = 0 \quad . \quad . \quad . \quad . \quad . \quad . \quad (7)$$

In unserem Falle befindet sich die Flüssigkeit nur unter der Einwirkung der Zentrifugalkraft, deren Beschleunigung g eine von uns mit U bezeichnete Funktion der Kraft ist. Die Projektionen der Beschleunigung durch diese Kraft lassen sich, wie schon angegeben, wie folgt ausdrücken:

$$X = 0; \quad Y = 0; \quad Z = g. \quad . \quad . \quad . \quad (8)$$

Der allgemeine Ausdruck für das Differential der Kraftfunktion U läßt sich wie folgt schreiben:

$$dU = Xdx + Ydy + Zdz = gdz \quad . \quad . \quad . \quad (9)$$

Das Integral dieser Gleichung gibt:

$$U = g\cdot z + c \quad . \quad . \quad . \quad . \quad . \quad . \quad (10)$$

Für die Oberfläche des nicht gestörten Spiegels, wo $z = 0$ und $U = U_0$ ist, ergibt Gl. 10

$$U_0 = c \quad . \quad . \quad . \quad . \quad . \quad . \quad . \quad (11)$$

Ziehen wir Gl. 11 von Gl. 10 ab, so erhalten wir:

$$U - U_0 = g\cdot z \quad . \quad . \quad . \quad . \quad . \quad (12)$$

Setzen wir diesen Wert von $(U - U_0)$ in Gl. 6 ein, so erhalten wir:

$$p = p_0 + \varrho \cdot g \cdot z \qquad \dots \dots \quad (13)$$

Dieses ist der Ausdruck für die Größe des Druckes. Wenn aber z veränderlich und p konstant ist, so gilt diese Formel auch als Gleichung für die Oberflächen des Wasserspiegels.

Gl. 13 läßt sich auch folgendermaßen schreiben:

$$\frac{p - p_0}{\varrho} = g \cdot z \qquad \dots \dots \quad (14)$$

Bezeichnen wir die Ordinaten der freien Oberfläche der gestörten Flüssigkeit mit $z - \zeta$, so nimmt Gl. 14 folgende Form an:

$$\frac{p - p_0}{\varrho} = g\,(z - \zeta) \qquad \dots \dots \quad (15)$$

oder

$$p = p_0 + \varrho g\,(z - \zeta) \qquad \dots \dots \quad (16)$$

Nehmen wir die Ableitung von p nach z, so erhalten wir:

$$\frac{\partial\,[p_0 + \varrho \cdot g \cdot (z - \zeta)]}{\partial z} = \varrho \cdot g \qquad \dots \dots \quad (17)$$

Da $\zeta = f(x, y)$ und z gleichfalls eine Funktion von x und y ist, was aus der Gleichung der freien Oberfläche

$$z = f(x, y)$$

hervorgeht, so haben wir, diesen Wert in Gl. 5 eingesetzt:

$$V \frac{\partial w}{\partial y} = g - \frac{\varrho}{\varrho}\, g = 0 \qquad \dots \dots \quad (18)$$

wodurch erwiesen ist, daß $\dfrac{\partial w}{\partial y}$ eine Größe ist von der Kategorie der Größen zweiter Ordnung. Diese Gleichung weist daraufhin, daß die Oberfläche der gestörten Flüssigkeit in der Richtung der Y-Achse eine flache Welle (von geringer Erhebung) darstellt. Wenn wir in der Gl. 5a $\dfrac{\partial p}{\partial x}$ durch

$$\frac{\partial\,[p_0 + \varrho \cdot g\,(z - \zeta)]}{\partial x} = -\varrho \cdot g \cdot \frac{\partial \zeta}{\partial x} \qquad \dots \dots \quad (19)$$

ersetzen, so erhalten wir:

$$V \frac{\partial u}{\partial y} = \frac{g \cdot \partial \zeta}{\partial x} \qquad \dots \dots \quad (20)$$

Wenn wir ebenso in Gl. 5b $\dfrac{\partial p}{\partial y}$ ersetzen, so haben wir:

$$V\frac{\partial v^1}{\partial y} = g \cdot \frac{\partial \zeta}{\partial y} \quad . \quad . \quad . \quad . \quad . \quad (21)$$

Wenn wir annehmen, daß

1. bei denselben Werten von x und y die vertikale Geschwindigkeit w proportional dem Abstande vom Grunde ist,
2. daß die Geschwindigkeit w proportional der Geschwindigkeit V ist, mit der die Flüssigkeit sich bewegt, und
3. daß der Kosinus des Winkels α zwischen der Normalen der freien Flüssigkeit und der Y-Achse gleich $\dfrac{\partial \zeta}{\partial y}$ ist,

so können wir versuchen, der Gleichung der Nichtkomprimierbarkeit zu genügen, indem wir schreiben:

$$w = \frac{h-z}{h} \cdot \frac{\partial \zeta}{\partial y} V \quad . \quad . \quad . \quad . \quad . \quad (22)$$

Dieses können wir auch wie folgt ausdrücken:

$$\frac{\partial u}{\partial x} + \frac{\partial v^1}{\partial y} + \frac{1}{h} \frac{\partial \zeta}{\partial y} V = 0 \quad . \quad . \quad . \quad . \quad (23)$$

Die Funktionen u, v^1 und ζ genügen den Gl. 20, 21 und 23. Differenzieren wir Gl. 23 nach y, so erhalten wir:

$$\frac{\partial^2 u}{\partial x \cdot \partial y} + \frac{\partial^2 v^1}{\partial y^2} - \frac{1}{h} \frac{\partial^2 \zeta}{\partial y^2} \cdot V = 0 \quad . \quad . \quad . \quad (24)$$

Wenn wir Gl. 20 nach x differenzieren, so haben wir:

$$g \cdot \frac{\partial^2 \zeta}{\partial x^2} = V \cdot \frac{\partial^2 u}{\partial x \cdot \partial y} \quad . \quad . \quad . \quad . \quad . \quad (25)$$

Wenn wir Gl. 21 nach y differenzieren, erhalten wir:

$$g \cdot \frac{\partial^2 \zeta}{\partial y^2} = V \cdot \frac{\partial^2 v^1}{\partial y^2} \quad . \quad . \quad . \quad . \quad . \quad (26)$$

Aus Gl. 25 und 26 nehmen wir $\dfrac{\partial^2 u}{\partial x \cdot \partial y}$ und $\dfrac{\partial^2 v^1}{\partial^2 y}$ und setzen diese Werte in Gl. 24 ein, wir erhalten dann:

$$\frac{g}{V} \cdot \frac{\partial^2 \zeta}{\partial x^2} + \frac{g}{V} \cdot \frac{\partial^2 \zeta}{\partial y^2} - \frac{1}{h} \cdot \frac{\partial^2 \zeta}{\partial y^2} \cdot V = 0 \quad . \quad . \quad . \quad (27)$$

oder den folgenden Wert für $\dfrac{\partial^2 \zeta}{\partial x^2}$:

$$\frac{\partial^2 \zeta}{\partial x^2} = \frac{\partial^2 \zeta}{\partial y^2} \left(\frac{V^2}{g \cdot h} - 1 \right) = \frac{\partial^2 \zeta}{\partial y^2} \cdot \frac{V^2 - g \cdot h}{g \cdot h} \quad . \quad . \quad (28)$$

Wenn wir λ die Geschwindigkeit der freien Welle einsetzen, wo λ gleich:

$$\lambda = \sqrt{g \cdot h} \quad \ldots \ldots \ldots \quad (29)$$

so erhalten wir

$$\frac{\partial^2 \zeta}{\partial x^2} = \frac{V^2 - \lambda^2}{\lambda^2} \cdot \frac{\partial^2 \zeta}{\partial y^2} \quad \ldots \ldots \quad (30)$$

Wenn $\lambda < V$ ist und wenn wir

$$k^2 = \frac{V^2 - \lambda^2}{\lambda^2} \quad \ldots \ldots \quad (31)$$

annehmen, so nimmt die Gl. 30 folgende Gestalt an:

$$\frac{\partial^2 \zeta}{\partial x^2} = k^2 \frac{\partial^2 \zeta}{\partial y^2} \quad \ldots \ldots \quad (32)$$

Dieses ist die Gleichung, aus der wir ζ bestimmen können.

Wir führen neue unabhängige variable Größen ein, und zwar nehmen wir an, daß $\xi = y - kx$ ist, und $\eta = y + kx$. Dann ist

$$2y = \xi + \eta; \quad y = \frac{\xi}{2} + \frac{\eta}{2}; \quad 2 \cdot k \cdot x = \eta - \xi; \quad x = \frac{\eta}{2 \cdot k} - \frac{\xi}{2 \cdot k}.$$

Wenn wir x nach ξ differenzieren, erhalten wir:

$$\frac{\partial x}{\partial \xi} = - \frac{1}{2 \cdot k} \quad \ldots \ldots \quad (33)$$

und wenn wir y nach ξ differenzieren, so ergibt sich:

$$\frac{\partial y}{\partial \xi} = \frac{1}{2} \quad \ldots \ldots \quad (34)$$

x nach η differenziert ergibt:

$$\frac{\partial x}{\partial \eta} = \frac{1}{2k} \quad \ldots \ldots \quad (35)$$

y nach η differenziert ergibt:

$$\frac{\partial y}{\partial \eta} = \frac{1}{2} \quad \ldots \ldots \quad (36)$$

Wir setzen die gefundenen Werte in die Gl. 32 ein.

Für diesen Zweck stellen wir folgende Gleichungen zusammen:

$$\frac{\partial \zeta}{\partial \xi} = \frac{\partial \zeta}{\partial x} \cdot \frac{\partial x}{\partial \xi} + \frac{\partial \zeta}{\partial y} \cdot \frac{\partial y}{\partial \xi},$$

$$\frac{\partial \zeta}{\partial \xi} = - \frac{\partial \zeta}{\partial x} \cdot \frac{1}{2k} + \frac{\partial \zeta}{\partial y} \cdot \frac{1}{2} \quad \ldots \ldots \quad (37)$$

Differenzieren wir $\dfrac{\partial \zeta}{\partial \xi}$ nach η, so erhalten wir:

$$\frac{\partial}{\partial \eta}\left(\frac{\partial \zeta}{\partial \xi}\right) = \frac{\partial^2 \zeta}{\partial \xi \cdot \partial \eta} = \frac{\partial}{\partial x}\left[-\frac{1}{2k}\frac{\partial \zeta}{\partial x}\right]\frac{\partial x}{\partial \eta} + \frac{\partial}{\partial y}\left[-\frac{\partial \zeta}{\partial x}\cdot\frac{1}{2k}\right]\frac{\partial y}{\partial \eta} +$$

$$+ \frac{\partial}{\partial x}\left[\frac{1}{2}\cdot\frac{\partial \zeta}{\partial y}\right]\frac{\partial x}{\partial \eta} + \frac{\partial}{\partial y}\left[\frac{1}{2}\cdot\frac{\partial \zeta}{\partial y}\right]\frac{\partial y}{\partial \eta},$$

$$\frac{\partial^2 \zeta}{\partial \xi \cdot \partial \eta} = -\frac{1}{2k}\frac{\partial^2 \zeta}{\partial x^2}\cdot\frac{1}{2k} - \frac{1}{2k}\frac{\partial^2 \zeta}{\partial x \cdot \partial y}\cdot\frac{1}{2} + \frac{1}{2}\cdot\frac{\partial^2 \zeta}{\partial x \cdot \partial y}\cdot\frac{1}{2k} +$$

$$+ \frac{1}{2}\cdot\frac{\partial^2 \zeta}{\partial y^2}\cdot\frac{1}{2} = -\frac{1}{4k^2}\cdot\frac{\partial^2 \zeta}{\partial x^2} + \frac{1}{4}\frac{\partial^2 \zeta}{\partial y^2} \quad \cdot \quad \cdot \quad (38)$$

Hieraus ergibt sich durch Umwandlung:

$$-4k^2\frac{\partial^2 \zeta}{\partial \xi \cdot \partial \eta} = \frac{\partial^2 \zeta}{\partial x^2} - k^2\frac{\partial^2 \zeta}{\partial y^2} = 0 \quad \cdot \quad \cdot \quad \cdot \quad (39)$$

Dieses ist gleich Null auf Grund von Gl. 32.

Hieraus folgt, daß:

$$\frac{\partial^2 \zeta}{\partial \xi \cdot \partial \eta} = 0 = \frac{\partial}{\partial \xi}\left[\frac{\partial \zeta}{\partial \eta}\right] \cdot \quad \cdot \quad \cdot \quad \cdot \quad \cdot \quad (40)$$

Dieses trifft jedoch nur dann zu, wenn

$$\frac{\partial \zeta}{\partial \eta} = f(\eta) \cdot \quad \cdot \quad \cdot \quad \cdot \quad \cdot \quad \cdot \quad \cdot \quad (41)$$

Wenn wir diesen Ausdruck integrieren, so erhalten wir:

$$\zeta = \int f(\eta)d\eta + \psi(\xi) = F(\eta) + F_1(\xi)$$

$$\zeta = F(y + kx) + F_1(y - kx) \quad \cdot \quad \cdot \quad \cdot \quad \cdot \quad (42)$$

wo F und F_1 beliebige Funktionen sind.

Wir nehmen jetzt für den Teil der Flüssigkeit, der auf der linken Seite des Messers sich befindet, in der Richtung der relativen Bewegung des Messers gegen die Flüssigkeit gesehen (Fig. 84), die Funktion F aus der Gl. 42 gleich Null.

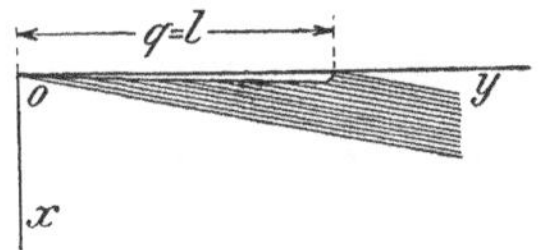

Fig. 84.

$$F = 0.$$

Dann nimmt der Ausdruck für ζ für die links vom Messer befindliche Flüssigkeit den Ausdruck an:

$$\zeta = F_1(y - kx) \quad \cdot \quad \cdot \quad \cdot \quad \cdot \quad \cdot \quad (43)$$

Hierbei ist die Größe von ζ für alle Punkte, die auf einer der Geraden aus der Gruppe

$$y - kx = q \quad \cdot \quad \cdot \quad \cdot \quad \cdot \quad \cdot \quad \cdot \quad (44)$$

liegen, gleichgroß. Dieses bedeutet, daß alle (Fig. 84) Punkte der Geraden, die als Parameter q, q_1 usw. besitzen, in gleichem Abstand von der Fläche yox liegen. Wir wollen annehmen, daß die Spitze des Messers in O liegt und die Symmetrieachse desselben mit OY zusammenfällt, und lassen die Funktion $F_1(q)$ gleich Null werden für alle negativen Werte von q, sowie auch für alle positiven Werte von q, die größer als die Länge l des Messers sind.

Diese Annahme hat zur Folge, daß die Oberfläche der Flüssigkeit außerhalb zwischen den Geraden nach der Gleichung

$$y - kx = q \quad . \quad . \quad . \quad . \quad . \quad . \quad . \quad (45)$$

keinerlei Deformation erleidet, wenn wir für den Parameter q alle Werte von 0 bis zu l einsetzen. Mit anderen Worten — man muß die ganze Oberfläche der Flüssigkeit, mit Ausnahme des gestrichelten Teiles derselben, als ganz in der Ruhe[1]) befindlich ansehen (Fig. 84).

Es ist selbstverständlich, daß bei einem symmetrischen Querschnitt des Messers auf der anderen Seite desselben eine ebensolche Deformation der ruhigen Oberfläche der Flüssigkeit stattfindet. Für die rechte Seite nimmt der Ausdruck für ζ folgende Gestalt an:

$$\zeta = F(y + kx). \quad . \quad . \quad . \quad . \quad . \quad (46)$$

da für diesen Fall $F_1(y - kx)$ gleich Null genommen werden wird.

Wir nehmen

$$\zeta = F_1(y - kx).$$

Dann wird

$$\frac{\partial q}{\partial x} = -k$$

sein, und

$$\frac{\partial q}{\partial y} = 1.$$

Aus Gl. 20 haben wir:

$$\frac{\partial u}{\partial y} = \frac{g}{V} \cdot \frac{\partial \zeta}{\partial x} = \frac{g}{V} \frac{\partial}{\partial x}[F_1(q)] = \frac{g}{V} \cdot \frac{\partial F_1}{\partial q} \cdot \frac{\partial q}{\partial x} = -\frac{g \cdot k}{V} \cdot \frac{\partial F_1}{\partial q} . \quad (47)$$

Weiter nehmen wir:

$$\frac{\partial \zeta}{\partial y} = \frac{\partial}{\partial y}[F_1(q)] = \frac{\partial F_1}{\partial q} \cdot \frac{\partial q}{\partial y} = \frac{\partial F_1}{\partial q} \quad . \quad . \quad . \quad (48)$$

und setzen das Resultat in Gl. 47 ein, dann ergibt sich:

$$\frac{\partial u}{\partial y} = -\frac{g \cdot k}{V} \cdot \frac{\partial \zeta}{\partial y} \quad . \quad . \quad . \quad . \quad . \quad (49)$$

---

[1]) Nicht deformiert.

Wir integrieren diesen Wert und erhalten:

$$u = -\frac{g \cdot k}{V} \cdot \zeta = -\frac{g \cdot k}{V} F_1(q) \quad . \quad . \quad . \quad . \quad (50)$$

Der Tangens des Neigungswinkels α_1 der Horizontalprojektion der Stromlinie zu der Achse oy wird wegen der geringen Größe von w gleich dem Quotienten von u durch $v^1 + V$ (Fig. 85):

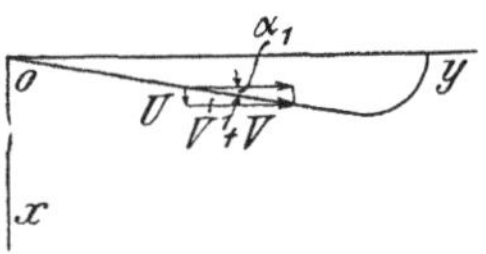

Fig. 85.

$$\operatorname{tg} \alpha_1 = \frac{u}{v^1 + V} \cdot \quad . \quad . \quad . \quad . \quad . \quad (51)$$

oder, da v^1 im Vergleich zu V sehr klein ist

$$\operatorname{tg} \alpha_1 = \frac{u}{V} = \frac{\partial x}{\partial y} = -\frac{k \cdot g}{V^2} F_1(q).$$

Die Gleichung des Horizontalprofils haben wir in folgender Weise geschrieben:

$$x = f(q).$$

Da nun $y - kx = q$ ist, so haben wir:

$$dy = k \cdot dx + dq \quad . \quad . \quad . \quad . \quad . \quad (52)$$

Wenn wir dieses Resultat in den Ausdruck für $\dfrac{dx}{dy}$ einsetzen, so erhalten wir:

$$\frac{dx}{dy} = \frac{dx}{k\,dx + dq} = -\frac{k \cdot g}{V^2} F_1(q) \quad . \quad . \quad . \quad . \quad (53)$$

Wir dividieren Zähler und Nenner durch dq und erhalten

$$\frac{\dfrac{dx}{dq}}{k \cdot \dfrac{dx}{dq} + 1} = -\frac{k \cdot g}{V^2} F_1(q) \quad . \quad . \quad . \quad . \quad (54)$$

Wenn die Gleichung $x = f(q)$ des Horizontalprofils gegeben ist, so bestimmt die letzte Formel die Art der Funktion $F_1(q)$, denn

$$F_1(q) = -\frac{V^2}{k \cdot g} \cdot \frac{f'(q)}{1 + kf'(q)} = \zeta \quad . \quad . \quad . \quad . \quad (55)$$

Diesen Ausdruck können wir auch folgendermaßen schreiben:

$$\zeta = -\frac{V^2}{k \cdot g} \cdot \frac{1}{\dfrac{1}{f^1(q)} + k} \cdot \quad . \quad . \quad . \quad . \quad (56)$$

Wenn der Ausdruck $f^1(q)$ sehr groß ist, so können wir die Gl. 56 auch in folgender Gestalt schreiben:

$$\zeta = -\frac{V^2}{k^2 \cdot g} = \frac{V^2 \cdot r}{k^2 \cdot V^2} = \frac{r}{k^2} \cdot \quad \ldots \quad (57)$$

Setzen wir nun für k^2 den Wert davon aus der Gl. 31 ein, so erhalten wir:

$$k = \frac{\sqrt{V^2 - \lambda^2}}{\lambda} = \frac{V}{\lambda}\sqrt{1 - \frac{\lambda^2}{V^2}}.$$

Statt λ setzen wir jetzt dessen Wert aus Gl. 29 und haben nun:

$$k = \frac{V}{\lambda}\sqrt{1 - \frac{V^2 h}{r \cdot V^2}} \simeq \frac{V}{\lambda} \cdot 1 = \frac{V}{V\sqrt{\dfrac{h}{r}}} = \sqrt{\frac{r}{h}} \quad \ldots \quad (58)$$

Den für k ermittelten Wert setzen wir in Gl. 57 ein und haben:

$$\zeta = -\frac{r}{\dfrac{r}{h}} = -h \quad \ldots \quad \ldots \quad (59)$$

Also ist, wenn $f^1(q)$ sehr groß wird, ζ gleich einer konstanten Größe h; überhaupt erscheint es, als ob bei einer geringen Tiefe h die Erhebung des Flüssigkeitsspiegels in der Form einer begleitenden Welle nicht groß sein kann. Jedoch verändern die hierbei zutretenden Erscheinungen die Form und die Höhe der Welle, worüber weiter unten die Rede sein wird, hier wird es jedoch gelegen sein näher zu begründen, warum $f^1(q)$ eine sehr bedeutende Größe annimmt. In der Praxis kann die Schneide des Messers bei der sehr geringen Stärke der Klinge (z. B. 0,4 bis 0,5 mm) nicht eine ideal scharfe Form erhalten, wovon man sich leicht überzeugen

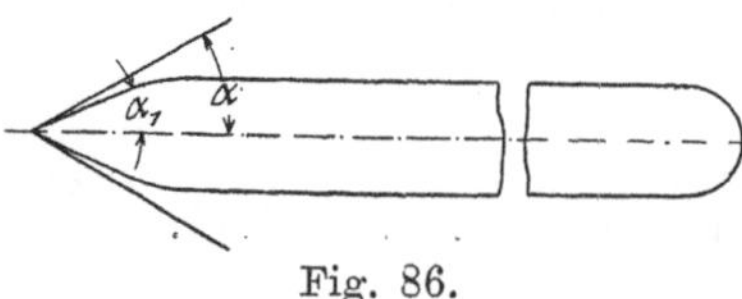

Fig. 86.

kann, wenn man die Spitze des Messers durch ein Vergrößerungsglas beschaut. Aus demselben Grunde ist man gezwungen dem Messer eine Form zu geben, die praktisch leicht ausführbar ist. In Fig. 86 ist eine solche Form in ungefähr 15facher Vergrößerung dargestellt. Eine schärfere Schneide kann man bei den Geschwindigkeiten, für die das Messer bestimmt ist, nicht herstellen, da sonst die Schneide leicht brechen und stumpf werden würde. Wenn aber die Klinge entsprechend der Figur ausgeführt ist, so wird die Schneide durch eine Ebene begrenzt, die zu der horizontalen Symmetrieachse des Messers um den Winkel α_1 geneigt ist.

Bei den großen Geschwindigkeiten, mit denen die Messer in den Experimenten des Verfassers betrieben wurden, war der Winkel α, unter dem die begleitende Welle von der Schneide abging, beinahe ebenso groß wie der Winkel α_1, der das Horizontalprofil des Messers begrenzt, denn es ist ersichtlich, daß α seiner Größe nach desto mehr an α_1 herankommt, je schneller das Messer sich in der Flüssigkeit bewegt. Die Ableitung $f^1(q)$ ist gleich:

$$f^1(q) = \frac{dx}{dq} = \frac{x}{q} = \frac{x}{y - kx} \qquad \ldots \ldots \quad (60)$$

Wenn wir nun für y und k ihre Werte einsetzen (Fig. 87), und zwar

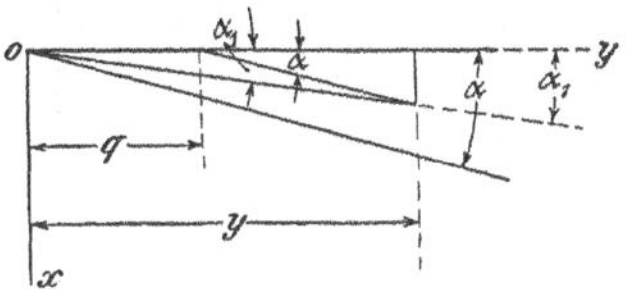

$$y = x \cdot \operatorname{cotg} \alpha_1$$

$$k = \operatorname{cotg} \alpha \, ,$$

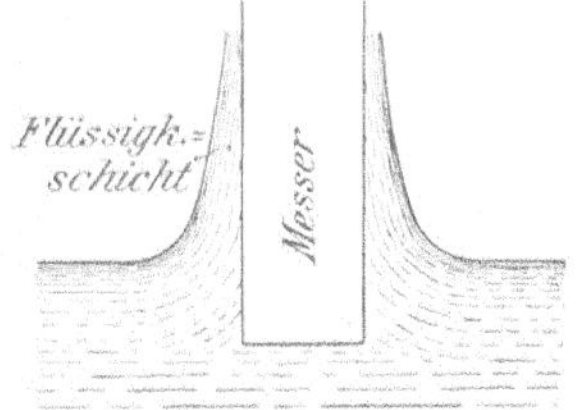
Fig. 87.

erhalten wir

$$\frac{dx}{dq} = \frac{x}{q} = \frac{x}{x \cdot \operatorname{cotg} \alpha_1 - x \cdot \operatorname{cotg} \alpha} \qquad \ldots \ldots \quad (61)$$

$$f^1(q) = \frac{dx}{dq} = \frac{1}{\operatorname{cotg} \alpha_1 - \operatorname{cotg} \alpha} \cong \infty \, .$$

Bei sehr großen Geschwindigkeiten, wenn die Winkel α und α_1 der Größe nach beinahe gleich sind, erhebt sich die Begleitwelle am Messer in Form einer dünnen Flüssigkeitsschicht, die die Seiten des Messers bedeckt. In diesem Falle kann der Vertikalschnitt des Messers, in sehr starker Vergrößerung gesehen, so dargestellt werden, wie es Fig. 88 zeigt.

Fig. 88.

Wenn die Begleitwelle diese Gestalt annimmt, so muß die Flüssigkeit bei der Erhebung längs des stillstehenden Messers eine erhebliche Reibungsarbeit an der Oberfläche des Messers leisten, wodurch die Teilchen der Flüssigkeit, die iu unmittelbare Berührung mit dem Messer kommen, ihre Umlaufsgeschwindigkeit und hiermit auch ihre Zentrifugalbeschleunigung $\dfrac{v^2}{r}$ verlieren. Der letzte Umstand (d. h. der Verlust der Zentrifugalbeschleunigung) hat zur Folge, daß sich die Begleitwelle höher erhebt, als dem angenommenen Wert von h entspricht. Man kann leicht durch Rechnen bestimmen, wie groß ζ wird, wenn man annimmt, daß die in Gestalt der Begleitwelle sich erhebende Flüssigkeit $50^0/_0$ oder $75^0/_0$ der linearen Geschwindigkeit verliert. Im ersten Falle wird $\zeta = 4h$, im zweiten

$\zeta = 16\,h$. Ein so hohes Steigen der Welle ist sehr unerwünscht, da man dann eine sehr schmale und tiefe Furche verwenden müßte, was sehr unrationell ist in Hinsicht der Ausnützung der Scheibe durch Induktion, auch würden die Dimensionen der Scheibe selbst größer werden und die mechanische Ausführung sich viel schwieriger gestalten (das dynamische Zentrieren usw.).

Der sehr starke Luftstrom, der bei der Rotation der Scheibe auf die Begleitwelle einwirkt und dieselbe entgegen ihrem Bestreben, unter einem bestimmten Winkel vom Messer abzuweichen, wieder stark an dasselbe herandrückt, kann seinerseits wieder eine beträchtliche Erhöhung der Begleitwelle hervorbringen. Andererseits erteilt der mit großer Geschwindigkeit auf der Oberfläche der Welle entlang streifende Wind den von ihm berührten Teilchen der Flüssigkeit eine rotierende Bewegung und wirkt dadurch günstig auf die Beschleunigung.

Damit die die Begleitwelle bildende Flüssigkeit, die durch Reibung ihre Geschwindigkeit verliert, dieselbe wieder erlangt, muß man die Flüssigkeit von der Oberfläche des Messers ableiten und unter den Einfluß eines schnell rotierenden Mediums (z. B. der Luft) gelangen lassen. Eine Gestaltung des Messers, wie sie in Fig. 89 dargestellt ist, ermöglicht, die das Messer berührende Flüssigkeit leicht von demselben zu entfernen und in den Bereich des mit der Furche rasch rotierenden Luftstromes gelangen zu lassen. Die Flüssigkeitsteilchen, die die Oberfläche des Messers verlassen und in den sich kreisförmig bewegenden Luftstrom (Wind) gelangen, werden von letzterem mitgerissen und gewinnen an Geschwindigkeit, folglich auch an Zentrifugalbeschleunigung. Unter dem Einfluß der sozusagen erneuerten Beschleunigung legen sich die Flüssigkeitspartikel wieder auf den Grund der Furche und bleiben dort, bis sie wieder auf ein Messer auftreffen.

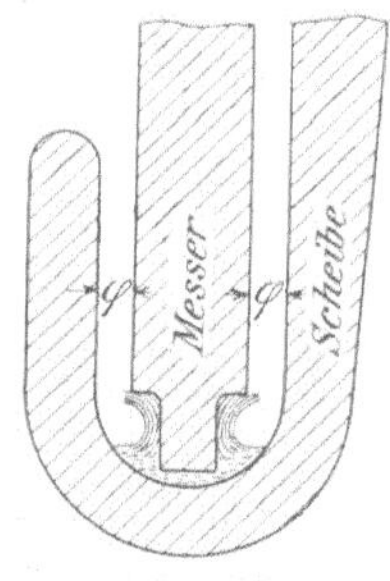

Fig. 89.

Die oben beschriebene Einrichtung hat sehr zufriedenstellende Resultate ergeben, die die theoretischen Schlüsse vollauf bestätigten.

Einen sehr großen Einfluß auf die Verminderung der Wellenhöhe ζ bei Verlust der Geschwindigkeit hat auch das Maß φ, der Abstand der Furchenwände von dem Messer. Tatsächlich, je näher die Wandungen der Furche zu den Seitenflächen des Messers sind, desto weniger verliert die in der Furche befindliche und mitrotierende Luft beim Passieren nebst des Messers ihre Geschwindigkeit und desto stärker reißt sie die Begleitwelle mit sich. Dieses erklärt sich daraus, daß der Asynchronismus (die Schlüpfung) der Luft in einer schmalen Furche geringer ist als in einer breiten. Die letzten Versuche des Verfassers haben ergeben, daß das Maß φ nicht größer als ein oder anderthalb Millimeter betragen soll. Dann wird die Höhe der Begleitwelle nicht größer als 20 mm werden, bei $r = 720$ mm und $h = 2$ mm, und kann man bei einer Tiefe der Furche von 25 mm arbeiten ohne befürchten zu müssen, daß die Welle über den Rand der Furche hinausschießt.

IV. Die Unipolarmaschine des Verfassers.

Im Herbste 1908 wurde mit dem Bau der Unipolarmaschine begonnen, die mit Stromabnehmern in Form von den obenbeschriebenen Gleitkontakten mit Wasserkühlung versehen ist. Die Dimensionen der Maschine wurden genügend groß gewählt, damit die Eigenschaften einer Betriebsmaschine in ihr prägnanten Ausdruck fänden und sie nicht nur als ein Modell erschiene.

Beim Projektieren dienten folgende Prinzipien als Grundlage:

1. Die Leistung der Maschine soll ungefähr 80 KW betragen.

2. Die Maschine soll ungefähr 40 Volt Spannung erzeugen.

3. Die Zahl der Umdrehungen soll ungefähr 8000 in der Minute sein.

4. Die Abkühlung der Maschine hat durch Luft und durch Wasser, durch Verspritzen und Verdampfen desselben zu geschehen.

In allen oben angeführten Angaben wird das Wort „ungefähr" gebraucht, da bei dieser vollständig neuen Konstruktion es unmöglich war, eine genaue Berechnung anzustellen, denn einige Bedingungen konnten erst später, nach einer ganzen Reihe von Experimenten, in Erfahrung gebracht werden.

Fig. 90 stellt den vertikalen Schnitt durch die Unipolarmaschine des Verfassers dar. Der Scheibenanker S rotiert auf einer Achse in dem Stator aus Stahlguß M, der als leitendes Medium für den durch die Windungen E hervorgerufenen Kraftfluß dient.

Durch B ist der Stromabnehmer bezeichnet und durch A die Zuleitung für Wasser und Quecksilber. F_1 und F_2 bezeichnen die Hauptlager und C eine Vorrichtung zum Ausbalancieren.

In der Figur 91 ist die Maschine im Betriebe aufgenommen, und zwar bei der Speisung der 40 voltigen Metallfadenlampen. Auf der Photographie sind deutlich sämtliche provisorisch eingerichteten Öl- und Wasserröhren dargestellt. Wie bei der großen Tourenzahl und kleinen Scheibe der Dynamo der Riemen außerordentlich gespannt sein mußte, ist aus der Tatsache zu ersehen, daß die Vibration des Riemens bei der Aufnahme sehr klein war.

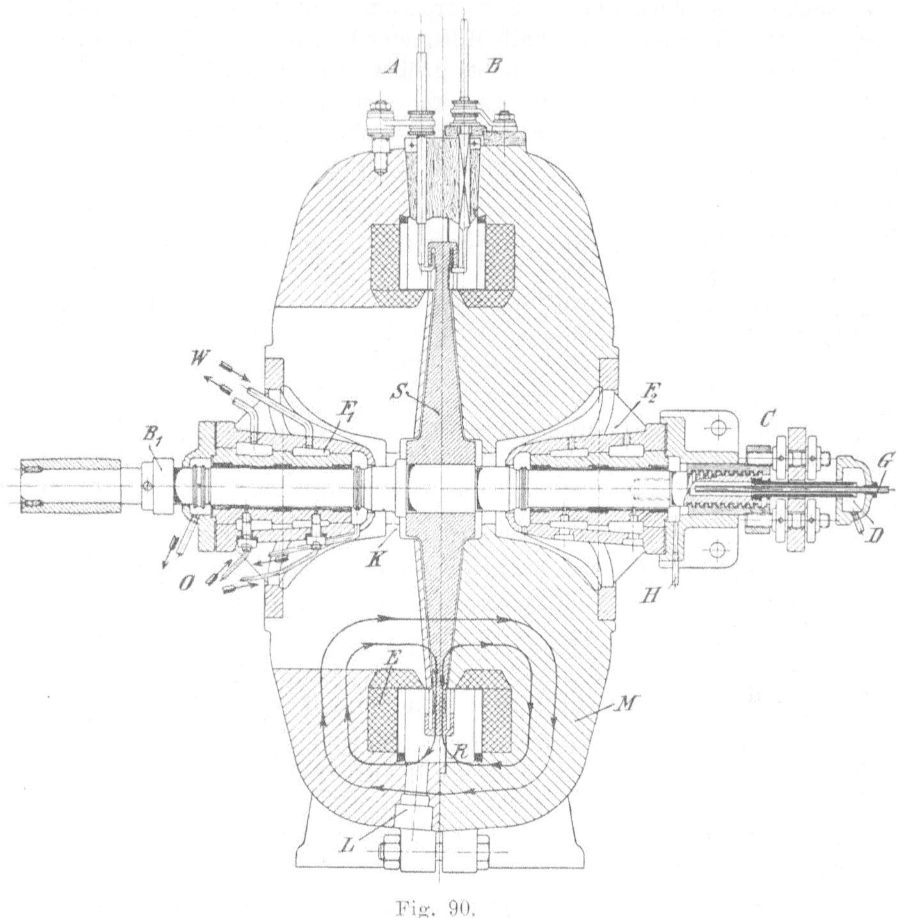

Fig. 90.

Der Anker. Der Anker ist bei so raschlaufenden Maschinen der wichtigste Teil und muß deshalb aus dem besten erhältlichen Material hergestellt werden. Für diesen Fall wurde Kruppscher Chrom-Nickelstahl von folgender Zusammensetzung gewählt:

$$C = 0{,}52\,\%, \qquad Ni = 2{,}88\,\%, \qquad Cr = 2{,}82\,\%.$$

Der Stahl wurde auf seine Festigkeit im mechanischen Laboratorium der Kaiserlichen Technischen Hochschule geprüft, wobei zur Bestimmung der Dehnung der Apparat von Martens-Kennedy verwendet wurde. Die Resultate waren folgende:

Die Zugfestigkeit $\sigma_{max} = 104,28$ kg/mm²,
Dehnung bis zum Bruch $12\,^0/_0$,
Einschnürung an der Bruchstelle $q = 33,6\,^0/_0$,

In dem weiter unten befindlichen Diagramm ist (Fig. 92) die Dehnungskurve dieses Chrom-Nickelstahles bis zur Proportionalitätsgrenze dargestellt, als Abszissen sind die relativen (proportionalen) Dehnungen $\dfrac{\lambda}{l}$ aufgetragen, als Ordinaten die entsprechenden Belastungen pro Quatratzentimeter Querschnitt.

Aus dem Diagramm ist ersichtlich, daß man bei dem untersuchten Material bis zu einer Belastung von 75 kg/mm² gehen kann, ohne daß die Proportionalitätsgrenze der Dehnung erreicht wird.

Da jedoch bis jetzt der Chrom-Nickelstahl nicht als Leiter für den magnetischen Kraftfluß verwendet worden ist und auch in der Li

Fig. 91.

teratur keinerlei Angaben über die magnetischen Eigenschaften des Chrom-Nickelstahls von der obenerwähnten chemischen Zusammensetzung vorhanden sind, wurde dieser Stahl mit Hilfe des Koepselschen Apparates untersucht. Die ermittelte Magnetisierungskurve ist in dem Diagramm Fig. 93 dargestellt, auch wurde die Kurve der Abhängigkeit der Induktion B von der Zahl der Amperewindungen pro 1 cm Pfadlänge des Kraftflusses berechnet; dieselbe ist in Fig. 94 wiedergegeben.

Bei der Konstruktion der Scheibe, die als Anker in der Unipolarmaschine des Verfassers dienen sollte, waren erhebliche Hindernisse zu überwinden. Die Methode der Berechnung von raschlaufenden Scheiben, die Professor Stodola in seinem bekannten Werk über die Dampfturbinen angibt,

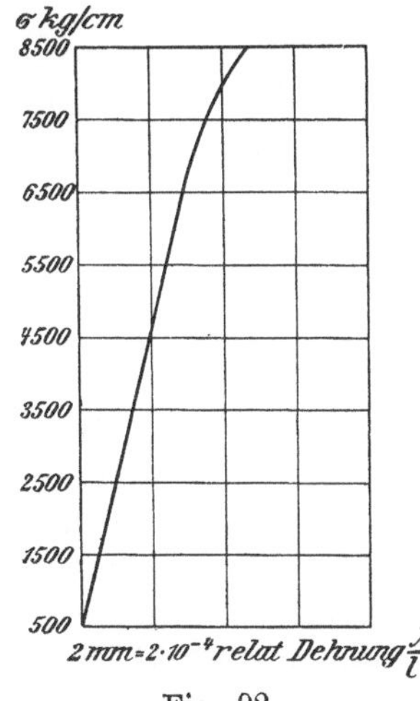

Fig. 92.

kann nicht angewendet werden, wenn die Form der Scheibe von vornherein festgelegt ist, denn in diesem Falle können die Differentialgleichungen nicht graphisch dargestellt werden. In unserem Falle ist die ganze Form des äußeren Randes genau bestimmt, da er zur Stromabgabe dienen muß.

Die Form dieses Ankers mit seiner Welle ist in der Fig. 90 leicht zu ersehen. Da es also unmöglich war, eine solche Scheibe genau zu berechnen, wurde eine Reihe ähnlicher Scheiben von einfacherer Form berechnet, die sich jedoch in der Form der in der

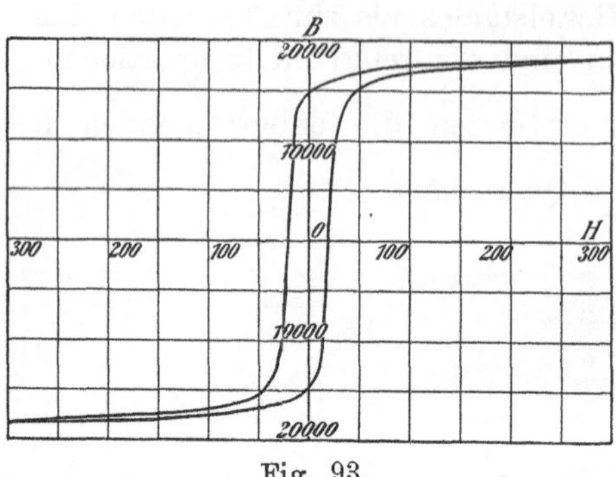
Fig. 93.

Zeichnung dargestellten Scheibe näherten. Aus diesen Berechnungen ging hervor, daß die größte Beanspruchung des Scheibenmaterials, die in der Nabe der Scheibe bei 8000 Touren auftritt, ungefähr bis zu 40 bis 50 kg beträgt.

Die beiden Furchen zur Aufnahme von Wasser und Quecksilber wurden nicht gleich gemacht, um zu ermitteln, welche Form der Furche sich als vorteilhafter erweist. Die linke Furche ist bis auf eine Tiefe von 21 mm 5 mm breit gemacht, die weiteren 4 mm der Tiefe sind nur 3 mm breit gemacht. Man konnte annehmen, daß das Quecksilber und das Wasser in dieser schmäleren Furche eine günstigere Form der

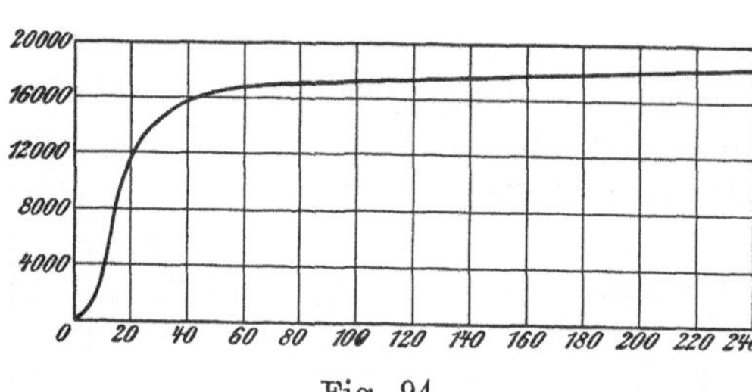
Fig. 94.

Begleitwelle ergeben würden. Jedoch haben sich diese Erwartungen nicht bestätigt, die Arbeit der linken Furche unterschied sich nicht wesentlich von der in der rechten Furche.

Die Herstellung der in Fig. 90 dargestellten Scheibe der Maschine wurde der Firma Friedrich Krupp übertragen, das Aufsetzen der Scheibe auf die Welle und das dynamische Ausbalancieren wurden durch die Maschinenbauanstalt Humboldt (Kalk am Rhein) ausgeführt, die die de Laval-Turbinen baut. Die Welle wurde gleichfalls aus bestem Stahl hergestellt und wurde am rechten

Ende mit einem besonderen Zapfen versehen, um die Scheibe mit der Welle in axialer Richtung verschieben zu können. Da man keine große Streuung der Kraftlinien voraussetzen konnte, so war auch nicht zu erwarten, daß bei richtiger Einstellung der Scheibe bedeutende axiale Kräfte auftreten könnten, deswegen wurde dieser Einstellungszapfen auch nicht besonders massiv gemacht. Diese ursprüngliche Konstruktion des Zapfens[1]) mußte jedoch nachträglich durch einen Kammzapfen ersetzt werden[2]). Damit das Öl aus den Lagern nicht in die Maschine gelangen kann, sind an beiden Seiten der Scheibe auf der Welle Spritzringe ausgedreht. Die Scheibe ist auf der Welle nicht durch Keile, sondern durch hydraulische Pressung befestigt.

Die Berechnungen der kritischen Geschwindigkeit wurden nach Angaben des Professors Stodola für zwei Fälle ausgeführt. Im ersten Falle wurde angenommen, daß die Welle sich nur auf der Länge $2\,l_2$ zwischen den Lagern durchbiegen kann. Wir können eine solche Annahme zulassen, da wegen einer besonderen Konstruktion der Lagerschalen diese in eingespanntem Zustande absolut starr sind. Für den Fall jedoch, daß das Babbitmetall in den Lagern sich ausarbeitet und die Welle einiges Spiel in den Lagern hat, kann man die kritische Geschwindigkeit berechnen, unter der Annahme, daß die Welle sich auf der Länge $2\,l_1$ zwischen den Mitten der Lager durchbiegen kann. Im ersten Falle ergab sich die kritische Geschwindigkeit zu ca. 14000, im zweiten ungefähr gleich 4800.

Der Stator. Der Stator der Maschine besteht aus Stahlguß und ist von der Moskauer Metallfabrik (J. Goujon) hergestellt. Er besteht aus zwei Hälften, die durch Schrauben vereinigt sind. Die Teile des Stators haben runde Ventilationsöffnungen und rechteckige Aussparungen zum Anbringen der Messer [im Gesamtschnitt (Fig. 90) sind diese mit dem Buchstaben B bezeichnet] und der Röhren, die das Wasser und das Quecksilber zuführen (in Fig. 90 mit dem Buchstaben A bezeichnet). Die Poloberflächen des Stators sind abgedreht und stellen eine zusammenhängende Fläche dar, jedoch sind dieselben nur bis zu einer geringen Tiefe (ca. 7 mm) massiv, weiterhin sind die Pole in radialer Richtung durchschnitten, um dem durch den Ankerstrom hervorgebrachten rückwirkenden Magnetfluß einen größeren Widerstand entgegenzusetzen. Diese Trennschnitte sind ca 6 mm breit und sind in den Teilen des Stators in verschiedene Ebenen verlegt, um dadurch eine größere Gleichmäßigkeit des magnetischen Kraftflusses zu erzielen.

---

[1]) Auf Fig. 90 nicht angegeben.
[2]) Siehe: Die Balanciervorrichtung, Seite 82.

Da während der Arbeit eine erhebliche Menge Wasser in die Maschine eingeleitet wird, das teilweise verdampft und teilweise verspritzt wird, wurde es erforderlich, die Erregerspulen in den Körper des Stators derart einzubetten, daß die Feuchtigkeit nicht zu ihnen Zutritt hat. Außerdem mußten die erregenden Windungen symmetrisch zu beiden Seiten der Ankerscheibe verteilt werden, damit die magnetische Streuung, durch die ein axialer Druck auf die Welle des Ankers hervorgerufen wird, möglichst gering ausfällt. Die Bewicklung jeder der Statorhälften besteht aus zwei Spulen, deren Anfänge und Enden in entsprechender Weise durch Klemmen auf den seitlichen Außenflächen des Stators befestigt werden, wie aus der Photographie des auseinandergenommenen Stators (Fig. 95) zu ersehen ist.

Fig. 95.

Die inneren Hälften dieser beiden Spulen, die den Polschuh umfassen, werden von Hand gewickelt, wobei die entsprechenden Statorflächen vorher mit englischem Isolierleinen bekleidet werden. Die oberen (rechtwinkligen) Spulen können auf einer Schablone gewickelt werden und dann, in fertigem Zustande, gleichfalls mit Isolierleinen versehen, in den ihr zugewiesenen Raum eingebracht werden. Nachdem die Spulen in die richtige Lage gebracht sind, werden sie durch eine Messingplatte abgedeckt, die einerseits durch einen eisernen federnden Ring an eine Gummischnur angedrückt wird, und anderseits, an der inneren Öffnung, durch einen Ring aus 1 mm starkem Gummi abgedeckt wird (Fig. 90).

Über den Enden dieses Gummiringes befinden sich Bandagen aus Nickel- und Stahldraht, die den Gummiring hermetisch an den Pol, sowie an die Messingscheibe pressen. Solch eine Schutzvorkehrung der Erregerwicklung vor dem Einfluß des Wassers erwies sich als vollkommen zwecksentsprechend, weil während der ganzen Arbeitszeit im Sommer des Jahres 1909 kein einziger, durch Naßwerden der Statorwicklung hervorgerufener Kurzschluß zu verzeichnen war.

Die Lager. Bei der hohen Umdrehungszahl der Maschine

mußte die Konstruktion der Lager mit Vorsicht gewählt werden. Vor allen Dingen mußte eine gute Schmierung und eine starke Kühlung gesichert werden. Zu diesem Zweck war eine Druckschmierung verwendet und die Kühlung durch die Zirkulation von Wasser bewerkstelligt, das aus der städtischen Wasserleitung entnommen wurde. Auf der Abbildung des Gesamtschnittes Fig. 90 bezeichnet W den Zu- und Abfluß des Wassers und O dasselbe für das Schmieröl.

Die Balanciervorrichtung. Für die magnetische Balancierung des Ankers, mit anderen Worten, für seine Fixierung in solchen Lagen, bei denen sich die Poleinflüsse auf den Anker gegenseitig aufheben, und ihm auf diese Weise das Bestreben genommen wird, sich in der Richtung der Achse zu verschieben, wurden zwei Konstruktionen verwendet: Die erste von ihnen, die, wie es sich nachher herausstellte, nicht dem Zweck entsprach, weil sie zu schwach für die zeitweilig auftretenden Kräfte war, verdient doch einiges Interesse. Sie gestattete eine im magnetischen Sinne doch genaue Ausbalancierung des Ankers und unterscheidet sich dadurch von allen bisher bekannten Konstruktionen (wie z. B. Wait, Forbes).

In Fig. 96 ist diese Vorrichtung im Schnitt dargestellt. Der Wellenzapfen tritt in die Hülse 10, die bei der Montierung von unten eingeführt wird. Vermittels der inneren zylindrischen Mutter 11 und Gegenschraubenmutter 12 wird der Wellenzapfen in der Hülse nach links gepreßt, jedoch so, daß er, ohne Spielraum zu haben, sich frei in der Hülse drehen kann.

Mit Hilfe der Ringe 13 und 14 läßt sich die ganze Hülse zusammen mit den Zapfen und der Welle nach rechts rücken. Um einer Drehung der Hülse mit dem Zapfen vorzubeugen, ist sie unten mit einer Schraube versehen, die in die entsprechende Öffnung im Deckel 6 paßt.

Die Schmierung der Balanciervorrichtung geschieht mit Öl unter Druck, das durch eine im Zentrum des Deckels gebohrte Öffnung seinen Zutritt findet. Der Deckel ist hermetisch an den Lagerdeckel gepreßt. Wie erwähnt, gestattete die beschriebene Vorrichtung eine im magnetischen Sinne genaue Balancierung des Ankers, dieses war jedoch nicht beim laufenden, sondern stillstehenden Anker möglich. Während des Laufes blieb nichts übrig, als mit Hilfe von Rheostaten zu balancieren; das geschah durch die Veränderung der Stromstärke, abwechselnd für die rechte und linke Spule. Diese Vorrichtung arbeitete ungefähr einen Monat, bis einmal eine zufällige Unterbrechung des Stromkreises in einer der Statorspulen erfolgte (die Spulen waren parallel geschaltet).

Dadurch wurde eine so große Axialkraft am Anker hervorgerufen, daß der Zapfen der stählernen Welle abgerissen wurde und in der Hülse stecken blieb. Da das Material der Welle von hoher Güte war und einen Zugfestigkeitskoeffizienten von 90 kg/mm² besaß, der Durchmesser des Zapfens an der schmälsten Stelle 15 mm betrug, so erweist sich, daß die aufgetretene Kraft ungefähr 16 t gleichkam. Solch eine Beanspruchung war bei der Dimen-

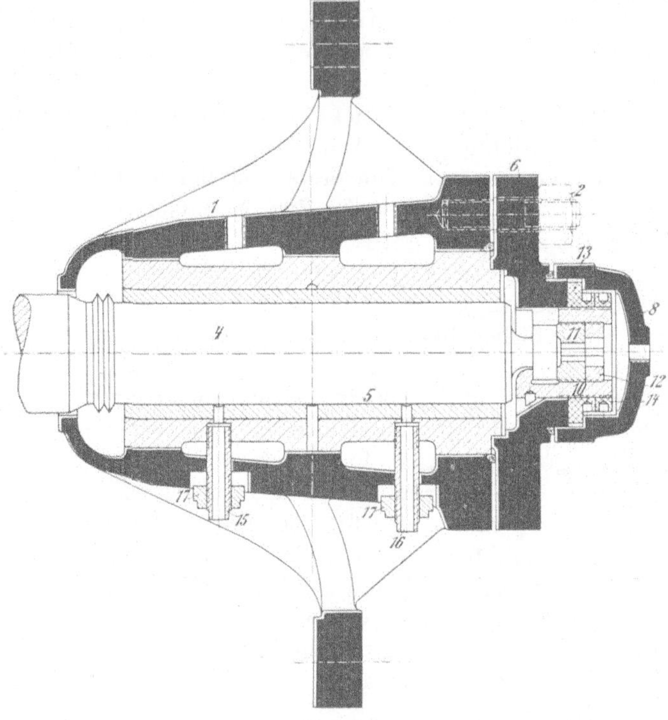

Fig. 96.

sionierung des Zapfens nicht in Betracht gekommen, weil die Erregung des Kraftlinienfeldes nur in 'einer Hälfte des Stators nicht vorausgesehen war.

Nach diesem Mißerfolge der beschriebenen Balanciervorrichtung wurde zum Entwurf einer stärkeren Konstruktion geschritten, und zwar einer solchen, die das magnetische Balancieren während des Laufes gestattet. Es war festgestellt worden, daß sogar nach einer genauen vorhergehenden magnetischen Balancierung der Anker aus der magnetischen Gleichgewichtslage treten kann, z. B. bei der Wellenverlängerung infolge der mit der Steigerung der Tourenzahl verbundenen Temperaturerhöhung. Diese zweite Vorrichtung wurde von der Maschinenfabrik Gustav List in Moskau mit größter Sorgfalt hergestellt. Es erwies sich aus den Versuchen mit der ersten Balanciervorrichtung, sowie aus allen nächstfolgenden, daß die magnetische Balancierung bis zu einer Genauigkeit von 0,01 mm gebracht werden muß.

Diese hohen Anforderungen bedingten eine Konstruktion, die in der Fig. 97 u. 98 angeführt ist.

Die Ankerwelle wurde da, wo sich der abgerissene Zapfen befand, ausgebohrt, um einen stählernen zylindrischen Zapfen anzuschrauben, der mit einem Kamm versehen war.

Die auf den Kamm gelegten Schalen werden von einem gußeisernen Halter G umfaßt, der mit Schrauben am Lagerkörper befestigt ist und aus zwei miteinander verschraubbaren Teilen besteht. Im Halter G, sowie in jeder Schalenhälfte sind Nuten für Federn vorhanden, um einer Drehung der Schalen mit der Welle vorzubeugen. Diese Federn müssen nicht fest angezogen werden und dürfen der Verschiebung der Schalen längs der Achse der Maschine nicht hindern, weil die Balancierung mit Hilfe der Stellschrauben D_1 und D_2 (Fig. 97 u. 98) vor sich geht.

In der Fig. 98 ist die Ansicht der Balanciervorrichtung von oben gegeben. Die Balancierung selbst besteht darin, daß vermittels der oberen Schale des Kammlagers die Welle nach der einen Seite geschoben wird, mit der unteren Schale nach der anderen Seite. Auf diese Weise arbeitet jeder Kammring mit seinen beiden Seiten, und der Welle wird bei einer exakten Einstellung kein Spielraum in axialer Richtung gelassen. (Aus den Versuchen erwies es sich jedoch, daß die in Fig. 97 u. 98 angeführte Konstruktion, was die Kühlung anbetrifft, besonders gesichert sein soll.) Deshalb wurde eine Wasserkühlung des Kammes selbst vorgenommen. Zu diesem Zwecke wurde der Körper des Kammes ausgebohrt (Fig. 97) und in die Bohrung ein Fassonröhrchen B eingeschraubt, das mit seiner rechten Seite in die Kammer E einmündet. Frei durch diese Röhre ist ein feines Röhrchen C verlegt, das mit einem Nippel in Kammerkörper E verschraubt ist. Durch diese Röhrchen tritt das Kühlwasser in den Kamm und zirkuliert in demselben in der Richtung der Pfeile in Fig. 97. Bei einigen Versuchen wurde die magnetische Balancierung nicht nur durch die Axialverschiebung des Ankers bewerkstelligt, sondern auch durch die Veränderung der Stromstärke in der rechten und linken Erregerspule E (Fig. 90). In diesem Falle waren beide Erregerspulen parallel geschaltet und in jede ein Regulierrheostat eingeschaltet. Durch die Veränderung der Stromstärke in den Spulen vermittels des Rheostaten wurde

zugleich auch eine Änderung der magnetischen Streuung in der
betreffenden Spule erzielt, folglich änderte sich auch die axial auf
den Anker wirkende anziehende Kraft. Das Bild der magnetischen
Streuung läßt sich so darstellen, wie es Fig. 90 zeigt, die Kraftlinien, die aus der äußeren Peripherie der Scheibe unter einem
Winkel austreten, rufen die Axialdrücke hervor, die radial aus-
tretenden erzeugen keinen Druck.

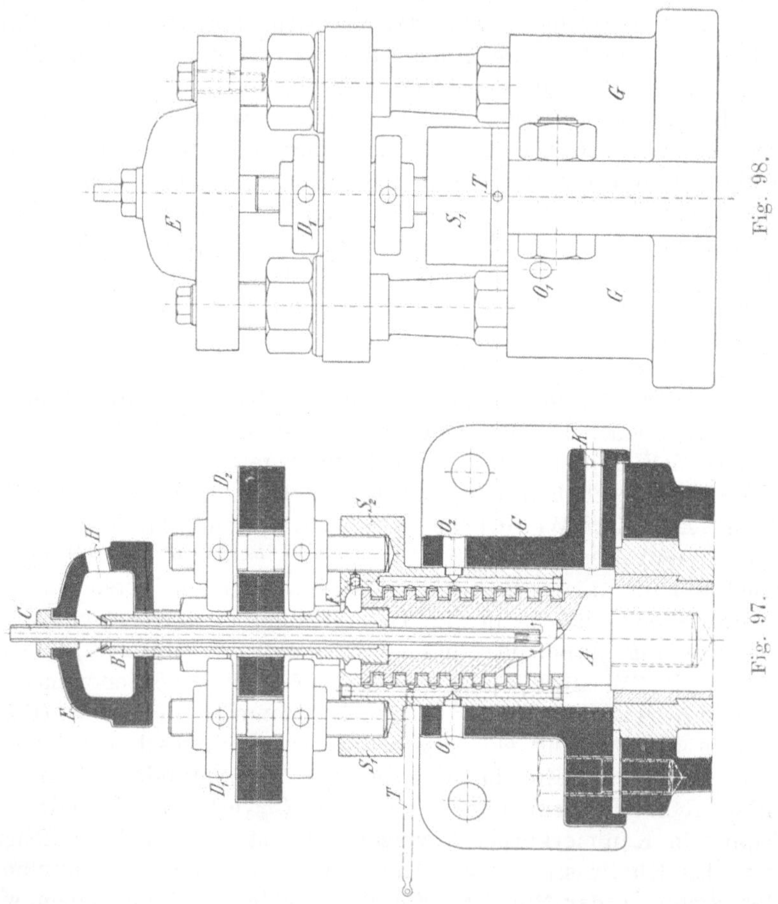

Auf solch eine Verteilung der zerstreuten Kraftlinien basierend,
schlug der als Gehilfe bei den Versuchen beteiligte Student
K. Schenfer folgende Konstruktion der Balanciervorrichtung vor,
die automatisch arbeitet. Hintereinander in jede der parallel geschalteten Spulen werden eine oder ein paar Windungen aus Wismut-
draht eingeführt, die in die Nähe der Klemmringe K (Fig. 90) ver-

legt werden. Bekanntlich verändert sich der Widerstand des Wismuts mit der Dichte des Magnetfeldes, in dem es sich befindet. Wenn man diese Eigenschaft benützt, so kann sich der Erregerstrom in der Spule E, gemäß der Verstärkung oder Schwächung des die Wismutwendungen beeinflussenden Magnetfeldes ändern und eine automatische magnetische Balancierung herstellen.

Die Schmierung. In Anbetracht der hohen Tourenzahl der Maschine muß, wie erwähnt, das Schmiermaterial unter Druck ins Lager sowie in die Balanciervorrichtung treten. Zwei kleine Zentrifugalpumpen bewirkten eine Ölzufuhr unter dem Drucke ca. einer Atmosphäre zu den Öffnungen o_1 und o_2 der Kammlagerschalen (Fig. 97). Von hier verbreitete sich das Öl durch die horizontalen Kanäle über den ganzen Kamm. Das abgearbeitete Öl trat durch die Öffnungen K und F heraus. Mit großer Sorgfalt mußte die Schmierung des Kammlagers gesichert werden, weil bei den verhältnismäßig kleinen Dimensionen des Kammes die kleinste Anfressung eines einzigen Kammringes zu einer äußerst raschen Temperaturerhöhung der ganzen Vorrichtung führt und das Öl sein Schmiervermögen verliert. Während der Versuche erreichte die lineare Geschwindigkeit der Kammringe bis 16 m/sek, und darum ist es verständlich, daß die kleinste Verstimmung in der magnetischen Balance eine große Reibungsarbeit und eine bedeutende Erwärmung der Vorrichtung zur Folge hatte.

Zum Zwecke einer strengen Kontrolle der Balancierung wird in die obere Kammlagerschale ein Thermometer geführt (s. Fig. 97), das als sehr empfindlicher Anzeiger der richtigen Lage der Scheibe zwischen den Polen dient. Auf Umwegen konnte man über die Genauigkeit der Balancierung, nach den Angaben des Amperemeters, urteilen, der über die dem Antriebsmotor zugeführte Stromstärke Aufschluß zu geben hatte. Die Schmierung der Hauptlager ist aus der Fig. 90 leicht zu ersehen.

Die Gleitkontakte. Zur Leitung des Stromes aus der unipolaren Maschine ins Netz ist dieselbe mit Gleitkontakten B (Fig. 90) für große Geschwindigkeiten versehen. Sie entnehmen den Strom von der Peripherie der Scheibe und sind in der Idee ähnlich dem oben beschriebenen Gleitkontakt. Für kleine Peripheriegeschwindigkeiten dient Kontakt B_1 (Fig. 90). Da ein solcher sich nicht von den üblichen Gleitkontakten unterscheidet und aus an einen Stahlring gedrückten Messingbürsten besteht, so soll ihm weiter keine Aufmerksamkeit geschenkt werden. Was den Gleitkontakt B für hohe Geschwindigkeit anbetrifft, so besteht er in folgendem: In die Furche der Scheibe wird in radialer Richtung ein Messingträger eingeführt, der am Stator mit dem aus drei Fassonkeilen bestehenden

System befestigt ist. An das untere Ende des Trägers wird mit drei Schrauben der dicke eiserne Teil (Klingehalter) des Messers befestigt, der mit einer dünnen, scharfen, auswechselbaren Klinge aus Nickelstahl versehen ist.

Aus den Versuchen ging hervor, daß eine Klinge 10 bis 15 Stunden arbeiten konnte: nach Ablauf dieser Frist muß eine neue eingestellt werden. Solche auswechselbare Klingen kosten bei einer Massenfabrikation nur einige Kopeken und sind leicht und sogar während des Ganges einstellbar. Ebenso wie bei der in den vorhergehenden Abschnitten Versuchsanordnung wurde der Kontakt zwischen Messer und Scheibe durch Quecksilber hergestellt, über dem sich das den Kontakt kühlende Wasser befand. Der Träger B (Fig. 90) hat in seinem oberen Teil ein Gewinde, auf das zwei Muttern geschraubt werden können, — eine Vorkehrung, die getroffen ist, um die Möglichkeit zu haben, die Lage des Messers in der Rinne zu regulieren und das Quecksilber mehr oder weniger tief zu schneiden. Zwischen den erwähnten Schraubenmuttern befindet sich die im Winkel zusammengebogene Öse, die an einem hölzernen Rahmen befestigt ist. Die Vorrichtung zum Eingießen des Wassers und

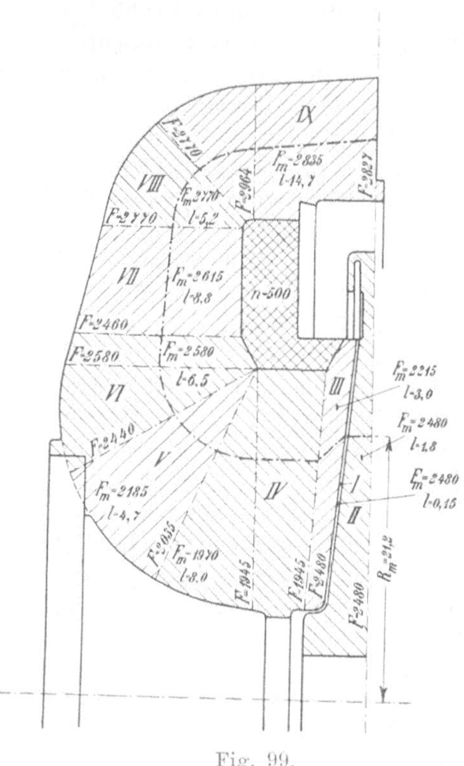

Fig. 99.

Quecksilbers ist in Fig. 90 durch A dargestellt. Die dickwandige eiserne, von zwei Seiten abgefeilte Röhre führt durch den Stator der Maschine und wird mit Hilfe der Keile eingestellt, ähnlich wie es mit dem Messerträger geschieht. Oben und unten hat diese Röhre messingene Ansätze, weiter hat der untere messingene Ansatz seinerseits den knieförmigen Ansatz aus Kupfer, der in die Rinnenvertiefung eintritt. Alle Röhren sind vernickelt. Der Grad der Versenkung der Röhre in die Rinne wird mit den oberen Muttern reguliert, zwischen diese wird die Öse gesetzt, die ihrerseits an dem mit Scheiben aus Fiber und der Nabe isolierten Stift angebracht ist. Eine Isolierung der Röhre von dem Maschinengestell ist notwendig, weil widrigenfalls beim Eingießen des Quecksilbers in die Rinne ein Kurzschluß erfolgen kann.

In der vorliegenden Maschine sind vier Messer und vier Röhren für den Eintritt des Wassers und des Quecksilbers vorgesehen.

Die Berechnung der Erregung der Maschine. Bei der Berechnung der Erregung war es mir leider nicht möglich, die Magnetisierungskurve desjenigen Stahles zu benutzen, aus dem der Stator gegossen ist, und deshalb blieb mir nichts anderes übrig,

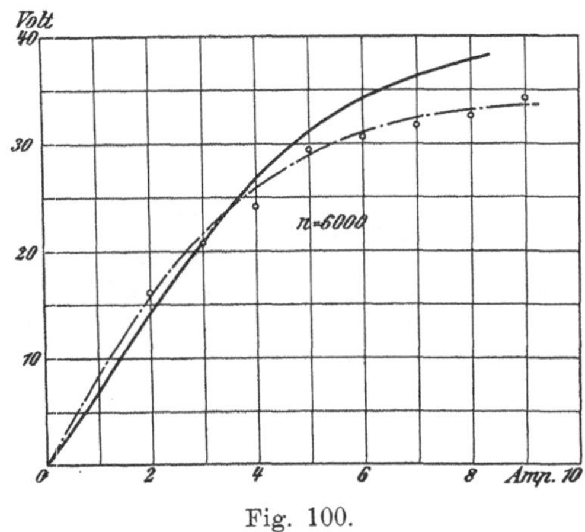

Fig. 100.

als die Kurven der gewöhnlich angewendeten Stahlsorten zu gebrauchen. Bei der Berechnung des Magnetfeldes im Anker wurde die Magnetisicrungskurve für Chrom-Nickelstahl benutzt, die auf S. 78 angeführt ist.

Auf der Fig. 99 sind Mittelschnitte F_m und zugleich die Weglängen der einzelnen Teile des Kraftflusses dargestellt. In Tabelle XV sind die Größen der magnetischen Induktionen in den entsprechenden Schnitten (I, II. III usw.) die betreffenden Amperewindungen, die Erregerstromstärke bei einer Windungszahl jeder Spule E gleich 500 und die entsprechende EMK bei 6000 Touren angeführt.

Die auf diese Weise bestimmte Charakteristik ist auf dem Diagramm mit der ununterbrochenen Linie eingezeichnet (Fig. 100). Punktiert ist die statische Charakteristik angedeutet, die auf experimentalem Wege ermittelt wurde. Daß die letztere nicht mit der theoretischen übereinstimmt, ist durch die Minderwertigkeit des Stahles zu erklären.

Tabelle XV.

Windungen pro Spule 500. Umdrehungen pro Minute = 6000.

| | | Kraftflußinduktion B | | | | | | |
| Luft | Scheibe | Stator | | | | | | |
I	II	III	IV	V	VI	VII	VIII	IX
2000	2000	2225	2500	2250	1980	1900	1785	1750
4000	4000	4450	5000	4500	3960	3800	3570	3500
6000	6000	6700	7550	6800	6000	5700	5400	5250
8000	8000	8950	10000	9050	7950	7600	7150	7000
10000	10000	11100	12600	11300	9950	9500	8950	8750
12000	12000	13500	15100	13700	12000	11350	10750	10500
13000	13000	14600	16400	14800	13000	12300	11650	11400

| | | Amperewindungen pro 1 cm | | | | | | | Gesamte Ampere-windungs-zahl | Erreger-strom A | Elektro-motori-sche Kraft |
| Luft | Scheibe | Stator | | | | | | | | | |
I	II	III	IV	V	VI	VII	VIII	IX			
240	13	9	28	15	18	23	12	35	393	0,785	5,85
480	18	20	59	31	38	49	25	73	793	1,58	11,7
720	22	32	101	51	60	72	42	115	1215	2,53	17,6
960	24	48	182	76	88	111	60	165	1714	3,42	23,4
1200	29	70	272	115	124	153	83	226	2272	4,54	29,3
1440	34	129	575	216	189	214	112	306	3215	6,43	35,2
1560	42	180	1040	306	247	273	135	378	4161	8,32	38,0

V. Die experimentelle Untersuchung der Unipolarmaschine des Verfassers.

Endlich im Mai 1909 waren sämtliche Einzelteile der Maschine fertig und man konnte mit der Montage beginnen. Die Montage war sehr lästig, weil keine spezielle Werkzeuge im Laboratorium zur Verfügung standen und überhaupt die kleine Laboratoriumswerkstatt nicht so eingerichtet ist, um eine komplette Maschinenmontage auszuführen. Dennoch, Ende Juni war alles fertiggestellt und man konnte mit der experimentellen Untersuchung derselben anfangen.

Die experimentelle Untersuchung der konstruierten Unipolarmaschine zerfällt in:

a) die Bestimmung der einzelnen Verluste;
b) die Bestimmung der statischen Charakteristik;
c) die Bestimmung der dynamischen Charakteristik;
d) die Bestimmung des Wirkungsgrades.

a) **Die Bestimmung der einzelnen Verluste** wurde mit der Bestimmung der Eigenverluste derjenigen Maschine begonnen, die zum Antrieb der Dynamo diente. Zu diesem Zwecke wurden bei abgenommenem Treibriemen Beobachtungen über die vom Anker des Motors verbrauchte Energie bei verschiedenen Tourenzahlen gemacht. Die Resultate dieser Beobachtungen sind in der Tabelle XVI angeführt und graphisch vermittels der Kurve α im Diagramm (Fig. 101) dargestellt. Die Kurven sind so eingetragen, daß die Ordinaten die Verluste in Kilowatt und die entsprechenden Abszissen die Touren des Motors bezeichnen.

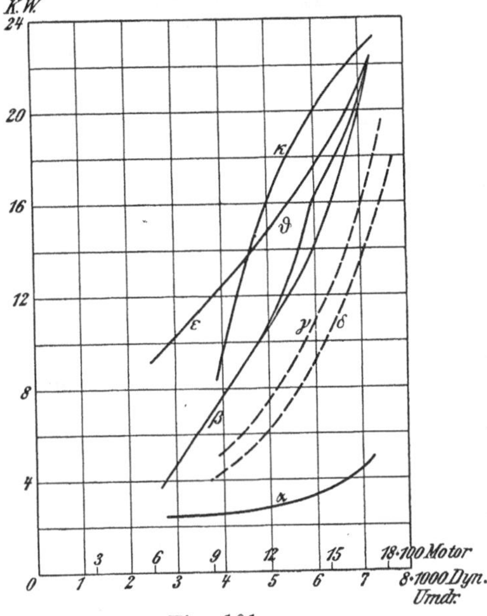

Fig. 101.

Darauf wurde der Treibriemen aufgelegt und die Unipolarmaschine in Bewegung gesetzt, jedoch ohne Erregung, die bei allen weiteren Untersuchungen der Akkumulatorenbatterie des elektrotechnischen Instituts entnommen wurde. Bei diesen Versuchen waren nur zwei Schleifkontakt-Kühlwasserröhren an der Maschine befestigt, das Wasser wurde aber nicht eingelassen und die Messer nicht eingestellt. Auf diese Weise ließen sich die Reibungsverluste in den Lagern, der Luft und des Riemens feststellen.

Der letzterwähnte Verlust bei der außerordentlich großen Geschwindigkeit des Riemens, die zeitweilig 36 m/sek erreichte, auch wegen des kleinen Durchmessers der Scheibe (80 mm) und des dadurch bedingten großen Schlupfes betrug nicht weniger als $15\,^0/_0$ der übertragenen Arbeit. Bei diesen Versuchen wurden beobachtet einerseits: die vom Motoranker verbrauchte Spannung E, Stromstärke J und die von ihm erreichte Tourenzahl; andererseits wurde ermittelt: die Tourenzahl der Unipolarmaschine n_2, die Temperatur der Luft in der Maschine in der Nähe der Scheibe t_2 und die Temperatur der Balanciervorrichtung t_1.

Tabelle XVI.

Motor der A.-G. Volta (Reval) Nr. 4789 von 45 PS					
Nr.	Strom des Motor-Ankers J	Spannung des Motor-Ankers A	Umdr. per Min. n_2	KW	Bemerkungen
1	34	77	860	2,62	
2	35	77	1110	2,69	Spannung direkt an den Bürsten gemessen
3	27	100	1150	2,7	
4	28	100	1200	2,8	
5	29	100	1250	2,9	
6	30	102	1300	3,06	
7	31	102	1400	3,2	
8	34	102	1500	3,5	
9	43	102	1650	4,4	
10	47	102	1700	4,8	

Die aus diesen Versuchen erhaltenen Daten sind in Tabelle XVII angeführt und graphisch im Diagramm durch die Kurve β ausgedrückt (Fig. 101).

Tabelle XVII.

Nr.	Motor			Dynamo			Bemerkungen
	E	J	KW	Umdr. per Min. n_2	t_1 Temperatur d. Kammlagers	t_2 Temperatur in der Dynamo	
1	58	65	3,78	2675	32	24	
2	98	102	10,1	4700	36	32	
3	106	104	11,0	5150	38	33	
4	112	105	11,7	5275	40	36	
5	116	107	12,4	5600	41	38	
6	114	130	14,8	6000	43	40	
7	112	140	15,7	6300	46	42	
8	115	150	17,3	6400	44	44	mehr Wasser
9	190	190	21,0	6950	46	44	
10	110	190	22,0	7220	48	49	

Durch Subtrahieren der Ordinaten der Kurve α von den entsprechenden der Kurve β ergeben sich die Ordinaten der Kurve γ, die somit die Riemenverluste und die mechanischen Verluste in der Dynamomaschine darstellen. Durch die Verringerung der Ordinaten der Kurve γ um $15\,^0/_0$, was dem Riemenverlust entspricht, erhalten wir die Kurve δ, die die mechanischen Verluste der Unipolarmaschine charakterisiert. Die Gestaltung der Kurven β, γ und δ ist annähernd eine parabolische, und die Kurven zeigen deutlich, wie schnell die Verluste mit der Erhöhung der Geschwindigkeit wachsen. Leider gestatteten die Mittel, die bei den Versuchen zur Hand waren, keine höhere Tourenzahl als 7250 zu erzielen, doch auch die genannte Tourenzahl gelang es erst in der letzten Periode der Versuche zu erreichen, nachdem ein bei der Hamburger Firma Otto Gerkens speziell bestellter, äußerst dünner (3 mm) und 150 mm breiter, sehr biegsamer Riemen zur Stelle geschafft worden war.

Ferner wurde die Maschine erregt, die Messer jedoch, wie früher, blieben uneingesetzt.

Hierbei erwies es sich, daß bei einer ca. 4650 Touren entsprechenden Geschwindigkeit die Verluste der Unipolarmaschine sich nach der Einschaltung der Erregung kaum vergrößerten. Dieses deutet darauf hin, daß die Erregung weder Wirbelströme noch Hysteresiserscheinungen in der Scheibe hervorruft. Hierauf würde, bei konstanter Erregung (die Stromstärke in der Magnetwicklung $i = 7\,A$ const.), die Umdrehungszahl der Maschine allmählich gesteigert. Dabei fällt die Scheibe aus dem magnetischen Gleichgewicht; dieses geschieht wegen der Ausdehnung der Welle, die eine Folge der Temperaturerhöhung ist, und es tritt eine beträchtliche Kraft auf, die eine Verschiebung des Ankers in der Richtung der Achse anstrebt. Letzteres ruft eine Reibungserhöhung in der kammartigen Balanciervorrichtung hervor und zugleich eine Erwärmung derselben.

Bei der Geschwindigkeit, von 5700 Touren, wurde die Scheibe während des Ganges einer magnetischen Balancierung unterworfen, und endgültig wurde sie bei 7225 Touren ausbalanciert. Am Anfang der magnetischen Balancierung während des Ganges erwies es sich, daß die Verluste, die durch die Erregung der Maschine hervorgerufen wurden, sich verringerten, und das Minimum dieser Verluste erhielt man nach der vollkommenen Ausbalancierung.

Die aus diesem Versuche gewonnenen Daten finden sich in der Tabelle XVIII, und die Kurve ϑ auf dem Diagramm Fig. 101 gibt graphisch die Veränderung der Verluste bei der magnetischen Balancierung.

Die Möglichkeit, bei einer so beträchtlichen Geschwindigkeit wie 7225 Touren die mit der Erregung zusammenhängenden, nebenbei auftretenden Reibungsverluste im Kammlager nahezu zu annullieren, bestätigt, daß tatsächlich im Anker der Maschine während des Leerlaufes weder Wirbelströme, noch Hysteresis stattfinden — die unvermeidlichen Erscheinungen in jeder Kollektormaschine.

Tabelle XVIII.

Nr.	Motor			Dynamo			Bemerkungen
	E	J	KW	Umdr. per Min.	t_1 Temperatur d. Kammlagers	t_2 Temperatur in der Dynamo	
1	98	101	9,9	4800	45	35	
2	100	110	11,0	5040	45	35	
3	106	112	11,9	5250	46	37	
4	110	120	13,2	5450	46,5	38	
5	115	125	14,4	5700	47	40	Balancierung angefangen
6	115	140	16,1	5875	55	41	
7	114	150	17,1	6300	58	45	
8	113	170	19,2	6640	56	49	
9	111	180	20,1	6720	56	50	
10	110	195	21,4	7150	55	51	
11	119	202	22,0	7225	55	51	Ausbalanciert

Tabelle XIX.

Nr.	Motor			Dynamo			Bemerkungen
	E	J	KW	Umdr. per Min.	t_1 Temperatur d. Kammlagers	t_2 Temperatur in der Dynamo	
1	84	150	12,6	4050	47	31	
2	94	150	14,1	4650	50	35	
3	98	150	14,7	4950	50	35	
4	103	148	15,2	5100	50	36	
5	110	145	15,9	5540	50	37	
6	116	148	17,1	5830	50	37	
7	115	165	19,0	6300	51	40	
8	112	174	19,6	6650	50	44	
9	112	190	21,1	6900	51	44	

Um die Reibung der Messer im Wasser festzustellen, wurden zwei Messer eingestellt und ein reichlicher Wasserzufluß bewerkstelligt. Der Überfluß an Wasser zeigte sich äußerlich durch einen Sprühregen aus den Ventilationsöffnungen der Maschine. Die diesem Versuche zugehörigen Daten sind in der Tabelle XIX angeführt und graphisch durch die Kurve ε im Diagramm aufgetragen (Fig. 101).

Wie aus der Kurve ε ersichtlich, sind die durch die beiden Messer im Wasser verursachten Reibungsverluste bei kleinen Geschwindigkeiten relativ größer (ca. 1 KW. bei 7000 Touren). Letzteres erklärt sich dadurch, daß bei kleinen Geschwindigkeiten die Erwärmung des Messers gering ist und daß das in die Furche eintretende Wasser hauptsächlich verspritzt und nur ein kleiner Teil durch die Reibungswärme verdampft wird. Bei wachsender linearer Geschwindigkeit der Furche in bezug zum Messer füllt dieselbe pro Sekunde eintretende Wassermenge die Furche in geringerem Maße, es wird weniger verspritzt, und der größere Teil des Wassers verdampft. Es sei auch darauf hingewiesen, daß eine richtige Einstellung der Messer von großem Einfluß auf die Reibung der Messer im Wasser ist. Die kleinste Abweichung der Messer aus der senkrecht zur Drehungsachse stehenden Fläche ruft ein starkes Spritzen und eine erhebliche Vergrößerung der Verluste durch die Reibung der Messer im Wasser hervor. Um die Verluste der Reibung zwischen Messer, Quecksilber und Wasser festzustellen, wurde die Maschine mit eingeschalteter Erregung untersucht — dieses um Gewißheit zu haben, daß die Spannung vorhanden und folglich der Gleitkontakt in Ordnung ist. Der Wasserzufluß war mäßig, was durch ein schwaches Spritzen aus den Ventilationsöffnungen charakterisiert wurde. Während dieses Versuches erwies sich bei der Steigerung der Geschwindigkeit die Notwendigkeit einer magnetischen Balancierung des Ankers, um den Axialdruck aufzuheben, der bei 5000 Touren eine erhebliche Erwärmung des Kammlagers bewirkte.

Tabelle XX.

Nr.	Motor			Dynamo			Bemerkungen
	E	J	KW	Umdr. per Min.	t_1 Temperatur d. Kammlagers	t Temperatur in der Dynamo	
1	77	112	8,6	3880	42	26	
2	83	130	10,8	4150	42	28	
3	87	140	12,2	4350	42	28	
4	91	150	13,6	4620	41	29	
5	95	170	16,1	4870	40	30	
6	94	180	16,9	5040	41	31	
7	98	179	17,5	5300	42	31	
8	97	192	19,0	5650	43	32	
9	98	214	21,0	6090	43	33	
10	98	220	21,5	6470	44	34	
11	98	224	22,0	6920	45	35	

Bei der Geschwindigkeit, die 7225 Touren entsprach, wurde der Anker so ausbalanciert, daß die Reibungsverluste durch Quecksilber und Wasser ungefähr $^1/_2$ KW betrugen. Das Resultat dieses Versuches ist in Tabelle XX angeführt und graphisch vermittels der Kurve k auf dem Diagramm verzeichnet (Fig. 101).

b) **Die Leerlaufcharakteristik** wurde bei einer konstanten Tourenzahl, und zwar 6000 pro Minute, und einer sich ändernden Erregung ermittelt. Hierbei wurde beständig eine magnetische Balancierung des Ankers hergestellt, weil jeder Grad der Erregung sein besonderes Bild der magnetischen Streuung zur Folge hat, in der, im Grunde genommen, auch der Ursprung der Axialdrücke zu suchen ist.

Die Tourenzahl 6000, die niedriger als die maximale ist, wurde deshalb gewählt, weil in diesem Falle ein Anfressen der Balanciervorrichtung während der unvermeidlichen, durch die Änderung der Erregung bedingten Balancierung nicht so zu befürchten war.

Die Resultate dieses Versuches sind in Tabelle XXI und auf dem Diagramm Fig. 100 (S. 87) durch die punktierte Kurve dargestellt.

Tabelle XXI.

Nr.	E_D	J_D	Umdr. per Min.	Bemerkungen
1	16,0	2	6000	Ständige Balancierung
2	20,8	3	6000	
3	24,1	4	6000	
4	29,3	5	6000	
5	30,6	6	6000	
6	31,5	7	6000	
7	32,5	8	6000	
8	34,0	9	6000	

c) **Die Bestimmung der Belastungscharakteristik** wurde mit einem einzigen eingestellten Messer vorgenommen, folglich unter den relativ ungünstigsten Bedingungen für die Reaktion des Ankers; die Belastung des Messers wurde bis 400 Amp. gesteigert. Eine fernere Belastung der Dynamomaschine erwies sich als unmöglich, weil der Treibriemen heftig zu gleiten begann. Die Benützung eines stärkeren (breiteren) Riemens war in Anbetracht der Dimensionen der Scheiben ausgeschlossen. Die Versuche ergaben erstens eine durchaus geringe Reaktion des Ankers, und zweitens, daß der größte Teil des Spannungsabfalles durch den wechselnden Widerstand des Gleitkontaktes hervorgerufen wird, der gewöhnlich bei der letzten Form des Messers von 0,014 bis 0,0079 ω schwankt. Im ganzen ist es überhaupt schwer, etwas über die Reaktion eines solchen Ankers zu sagen, da die Wege der Ströme in den nicht gleichbreiten Scheiben der Unipolarmaschine noch nicht genau ermittelt sind.

Doch schon jetzt bezeugen die Versuche, daß die Reaktion in dem Falle, wenn die stromleitenden Messer sich diametral gegenüberstehen, wie auch dann, wenn sie sich nebeneinander befinden (in verschiedenen Rinnen), ungefähr die gleiche bleibt (Fig. 102).

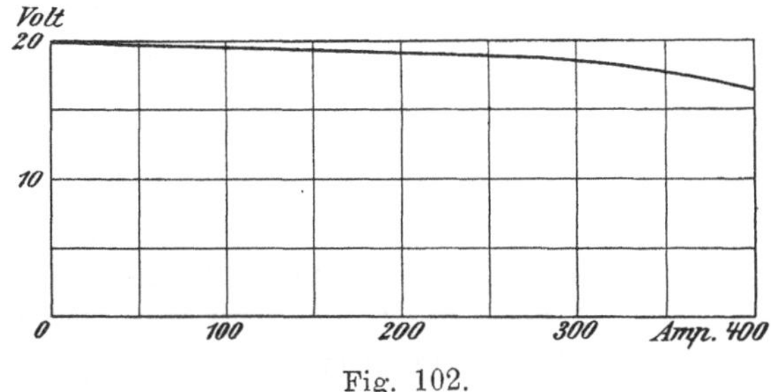

Fig. 102.

Höchst interessant ist auch das Faktum, daß also die Ankerreaktion keine bemerkbare Störungen in der Einheitlichkeit des magnetischen Kraftflusses hervorruft, die im Anker starke Wirbelströme zur Folge haben könnten.

---

d) Bestimmung des Wirkungsgrades. Eine unmittelbare Bestimmung des Wirkungsgrades der Dynamomaschine war nicht möglich, weil — wie erwähnt — der Antriebsmotor, sowie der Treibriemen, sich als zu schwach erwiesen. Auf Umwegen jedoch war es möglich, den Wirkungsgrad mit genügender Genauigkeit zu ermitteln, und zwar unter der Voraussetzung folgender Arbeitsbedingungen der Unipolarmaschine:

1. Die Anzahl der Messer der Maschine entspricht der Belastung, d. h. bei $25^0/_0$ der vollen Belastung ist ein Messer in Tätigkeit, bei $50^0/_0$ zwei Messer, bei $75^0/_0$ drei, und bei $100^0/_0$ arbeiten alle vier Messer.

2. Der Reibungsverlust an jedem Messer wird dem Verluste gleichgesetzt, der sich aus dem Versuche für ein zur Zeit arbeitendes Messer herausstellte, — mit anderen Worten, gleich 0,5 KW angenommen.

3. Die Reibungsverluste in den Lagern und in der Luft werden bei konstanter Tourenzahl und konstantem Luftdruck in der Maschine

als konstant angenommen, und zwar 13,5 KW, was einer Tourenzahl von 7000 Umdr. pro Min. entspricht.

4. Die Erregungsverluste sind konstant, und zwar ca. 0,5 KW.

Mit obigen Voraussetzungen wurde die Wirkungsgradkurve der Maschine bestimmt. Die größte Stromstärke für ein Messer in Dauerversuchen betrug 400 Amp.; es wurden aber auch Versuche angestellt, aus einem Messer innerhalb einiger Minuten 600 Amp. zu entnehmen. Diese Versuche konnten jedoch nicht von längerer Dauer sein, weil die Mittel des Laboratoriums für sie unzureichend waren. Was das Messer anbetraf, so hielt es ohne jegliche Beschädigung die genannte Stromstärke aus. Wir nehmen an, daß von jedem Messer 500 Amp. entnommen werden.

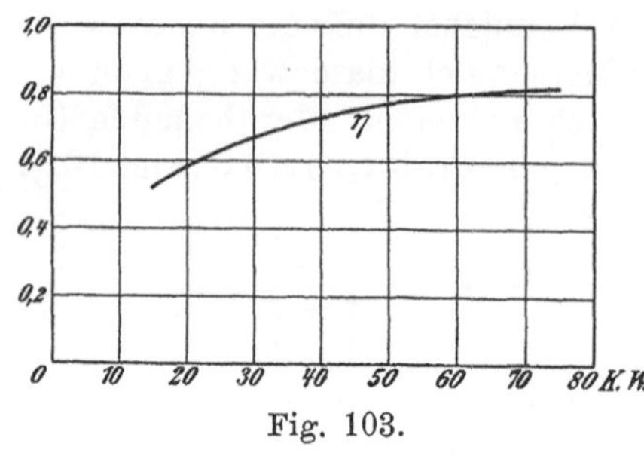
Fig. 103.

Die unter diesen Bedingungen erhaltenen Größen sind folgende:

$$\eta_1 = \frac{17,5}{17,5 + 13,5 + 0,5 + 0,5} = \frac{17,5}{32} = 0,55,$$

$$\eta_2 = \frac{35}{35 + 13,5 + 0,5 + 1} = \frac{35}{50} = 0,7,$$

$$\eta_3 = \frac{52,5}{52,5 + 13,5 + 0,5 + 1,5} = \frac{52,5}{68} = 0,77,$$

$$\eta_4 = \frac{70}{70 + 13,5 + 0,5 + 2} + \frac{70}{86} = 0,81.$$

Die diesen Resultaten entsprechende Kurve ist im Diagramm (Fig. 103) dargestellt.

Die unipolare Doppelankermaschine.

Der Verfasser hat, um höhere EMK zu erzielen, das Projekt einer einpoligen Maschine mit zwei Ankern ausgearbeitet (Fig. 104). Die Anordnung der magnetischen Kraftlinienströme ist dabei so gewählt, daß die Messer der einen Scheibe den positiven und die anderen den negativen Pol darstellen. Die EMKe der Anker sind also in Serie geschaltet, und die Maschine liefert eine doppelt so große Spannung, als die gleich dimensionierte und mit gleicher Tourenzahl laufende Einankermaschine.

Bei der Ausarbeitung des Projektes ist eine möglichst bequeme Auf- und Abmontierung der Maschine im Auge behalten worden. Bei der vorliegenden Konstruktion läßt sich das Bloßlegen der Maschinenwelle durch einfaches Abheben des oberen mittleren Teiles A des Stators bewerkstelligen, ohne daß zu diesem Zwecke eine völlige Auseinandernahme des letzteren erforderlich ist. Sobald der Teil A abgehoben ist, wird die Balanciervorrichtung und das linke Lager auseinandergenommen und die Hülse B abgeschraubt;

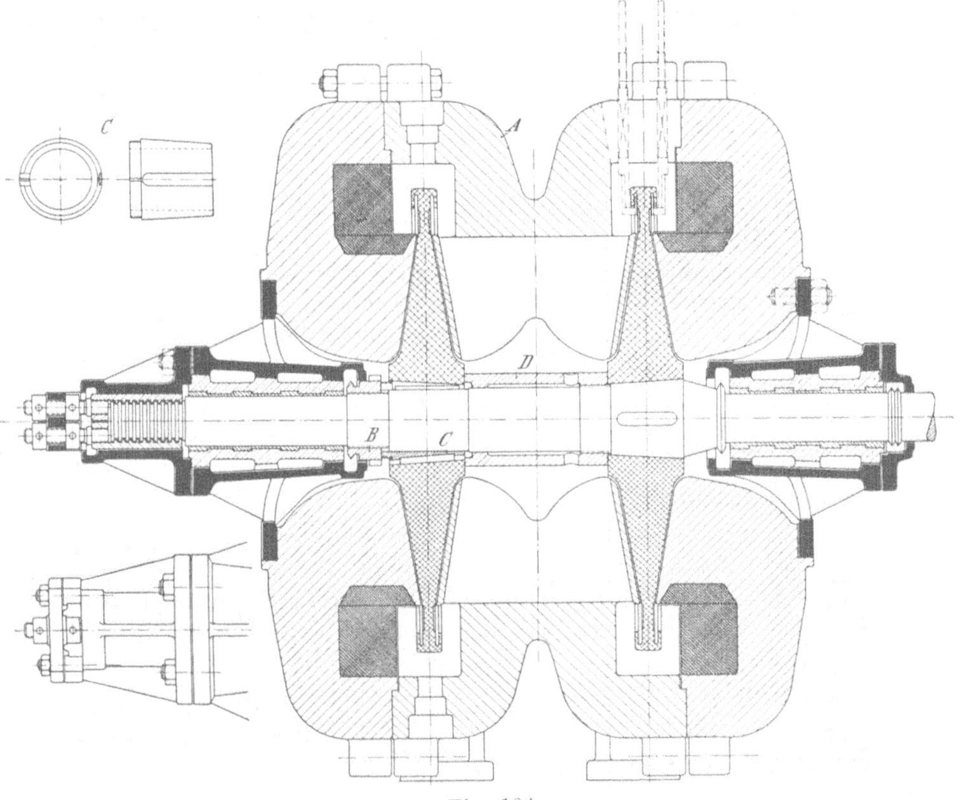

Fig. 104.

dadurch löst sich der konische Keil C. Auf dieses folgt das Abschrauben der langen Hülse D, die zum Verkeilen der rechten Scheibe dient und zugleich eine genaue Entfernung der Anker zueinander bezweckt.

Ist obiges geschehen, so läßt sich die Maschinenwelle mit Leichtigkeit nach rechts herausnehmen. In Fig. 104 ist eine Wasserkühlung der Balanciervorkehrung noch nicht vorgesehen, sie läßt sich jedoch hier ohne Mühe anbringen.

Schlußfolgerungen.

Aus den angeführten Untersuchungen der Unipolarmaschine des Verfassers lassen sich folgende Schlüsse ziehen:

1. Die unipolare, mit guten Gleitkontakten und mit einer Chrom-Nickelstahlscheibe versehene Scheibenankermaschine gestattet Spannungen zu erzielen, die zum Speisen von Glühlampen hinreichend sind.

2. Der Gleitkontakt mit Wasserkühlung ist eine zuverlässige Vorkehrung, die eine Stromentnahme bei einer linearen Gleitgeschwindigkeit von 270 m/sek mit Sicherheit zuläßt und voraussichtlich auch bei noch höheren Geschwindigkeiten tadellos funktionieren kann.

3. Die unipolare Maschine des Verfassers ist für direkte Kupplung mit Dampfturbinen großer Geschwindigkeit geeignet.

   Die Dimensionen solcher Turbinen sind verhältnismäßig kleiner, haben weniger Laufräder und einen höheren Wirkungsgrad, als die üblich verwendeten. Die Herstellungskosten der Turbinen gestalten sich folglich auch vorteilhafter.

4. Die unipolare Maschine des Verfassers ist bei ihrer einfachen Konstruktion auch dementsprechend einfacher in ihrer Herstellung, als die Kollektormaschine, und deshalb auch billiger.

Die aus den Versuchen erhaltenen Resultate lassen voraussehen, daß einige weitere Änderungen in der Konstruktion der einpoligen Scheibenankermaschine eine gesteigerte Betriebssicherheit und einen noch höheren Wirkungsgrad zur Folge haben können.

Zur Erreichung dieser Eigenschaften ist die Herstellung einer weiteren einpoligen Maschine in Aussicht genommen, die mit Wasserkühlung der Lagerschalen der Balanciervorrichtung und luftverdünntem Ankerraume versehen sein wird.

Lebenslauf.

Boris von Ugrimoff, geboren in Moskau den 28. Oktober 1872, verließ im Jahre 1891 das V. Moskauer Staatsgymnasium mit dem Zeugnis der Reife. Im Herbst 1891 wurde er als Student der Kaiserlichen Universität zu Moskau bei der Abteilung für Physik und Mathematik immatrikuliert, wo er zwei Semester studierte. Im Herbst 1892 wurde er nach Absolvierung eines Konkursexamens als Student der Kaiserlichen Technischen Hochschule zu Moskau immatrikuliert, wo er im Mai 1897 das Ingenieurdiplom erwarb. Darauf wurde er vom russischen Staate zu seiner weiteren Ausbildung in der Elektrotechnik für Lehrzwecke ins Ausland geschickt. Er studierte zwei Semester an der Hochschule zu Berlin und zwei Semester an der Hochschule zu Karlsruhe. Im Jahre 1901 wurde er zum Dozenten für Elektrotechnik an der Hochschule zu Moskau ernannt und mit der Einrichtung des dortigen elektrotechnischen Laboratoriums beauftragt. Im Jahre 1908 wurde er außerdem als Dozent für Elektrotechnik an die Handelshochschule zu Moskau auf den neu gegründeten Lehrstuhl für Elektrotechnik berufen.